计算智能算法的聚类模型及应用

张建萍　刘希玉　著

中国财经出版传媒集团
中国财政经济出版社

图书在版编目（CIP）数据

计算智能算法的聚类模型及应用 / 张建萍，刘希玉著. --北京：中国财政经济出版社，2023. 7
ISBN 978 -7 -5223 -2251 -3

Ⅰ. ①计… Ⅱ. ①张… ②刘… Ⅲ. ①聚类分析法 Ⅳ. ①O212. 7

中国国家版本馆 CIP 数据核字（2023）第 096453 号

责任编辑：彭 波　　责任印制：刘春年
封面设计：卜建辰　　责任校对：徐艳丽

中国财政经济出版社 出版
URL：http：//www. cfeph. cn
E - mail：cfeph@ cfeph. cn

社址：北京市海淀区阜成路甲 28 号 邮政编码：100142
营销中心电话：010 -88191522
天猫网店：中国财政经济出版社旗舰店
网址：https：//zgczjjcbs. tmall. com
北京财经印刷厂印刷 各地新华书店经销
成品尺寸：170mm ×240mm 16 开 9 印张 108 000 字
2023 年 7 月第 1 版 2023 年 7 月北京第 1 次印刷
定价：68. 00 元
ISBN 978 -7 -5223 -2251 -3
（图书出现印装问题，本社负责调换，电话：010 -88190548）
本社质量投诉电话：010 -88190744
打击盗版举报热线：010 -88191661 QQ：2242791300

前　言

聚类分析是一种重要的人类活动。早在孩提时代，人就通过不断改进下意识中的聚类模式来学会如何区分猫和狗、动物和植物等。其应用领域相当广泛，如市场销售、土地使用、保险、城市规划、地震研究等方面，都发挥了巨大的作用。随着21世纪人工智能和大数据的不断发展，海量的高维数据随之产生。如何从海量数据中挖掘出有用的信息变得尤为重要。而近年来应运而生的一系列计算智能算法，如神经网络、模糊控制、进化计算、混沌科学、免疫计算、DNA计算及群体智能等在一些实际问题中的成功应用，使研究者投入了大量的时间和精力去研究算法的模型、理论和应用效果，并已成功应用到聚类分析中。在与优化相关的各个领域，我们都可以看到这些算法的理论与应用文献。

本书将自适应能力及鲁棒性较高的计算智能技术应用于聚类分析，构建基于计算智能技术的聚类分析模型。该类模型成功解决了高维大数据的聚类问题，对处理目标的特性有良好的适应能力，弥补了传统聚类方法的不足，取得了良好的效果。书中引入了一种新颖的离散Morse（莫尔斯）理论。针对模型在聚类分析中的应用研究并结合离散Morse的相关理论和方法，研究离散Morse理论在聚类分析中实现的关键技术和方法，提出基于 Morse 理论的聚类分析模型以适应具体应用的要求，并将此技术成功应用于聚类分析。实验在 UCI 及人工数据集上证明了该模型的有效性和可行性。

本书的主要内容如下。

（1）针对传统 SOM 网络模型用于聚类分析时竞争层神经元个数须预先指定的缺点，给出了在训练过程中动态确定网络结构和单元数目的解决方案，提出了一种新的动态自组织特征映射模型，并给出模型的训练算法。此算法初始只有一个根节点。在网络训练过程中不断产生新节点。新的节点可在任意位置根据需要自动生成。当训练算法结束时，根据得到的树形结构确定聚类的数目。算法中通过扩展因子控制网络的生长，实现了不同层次的聚类。算法采用两阶段的训练思想。当算法的生长阶段完成后，利用模糊 C－聚类的思想，对生长阶段产生的粗聚类结果做细化处理，从而提高最终聚类结果的精度和算法的收敛速度。通过 UCI 数据集来验证该模型的有效性和优越性，并对其聚类的有效性进行对比分析。

（2）介绍了谱聚类技术及相关概念，对谱聚类算法进行研究及分析，提出一种自动确定聚类数目的谱聚类算法。为了解决 CLARANS 算法易收敛于局部最优及面对大数据集聚类效率不高的问题，结合遗传算法易于找到全局最优值的特点，将遗传算法和 CLARANS 算法相结合，提出基于 GA 的聚类分析模型，并通过选择合适的适应值函数，达到聚类的目的。通过实验证明了新算法的优越性。

（3）介绍了离散 Morse 理论的基本原理及相关概念，提出一种构建离散 Morse 函数求最优解的算法，并证明了构建的函数是最优的离散 Morse 函数，同时构建了一种基于离散 Morse 理论的优化模型，实验的结果证明了该模型的有效性。

（4）把基于离散 Morse 理论的优化模型应用于聚类分析，提出一种基于离散 Morse 优化模型的密度聚类算法。聚类后的结果运用层次聚类的思想进行优化，可以通过参数的调整来控制聚类簇的数目，达到聚类效果。实验证明新算法的可行性及有效性。

本书提出的聚类模型如下：

（1）新的动态 SOM 模型。该模型采用新的生长阈值函数，训练算法采用两阶段思想。实验在 UCI 数据集上进行，通过与 SOM 模型、FCM 算法及 TreeGNG 对比验证了该模型的有效性和优越性。

（2）基于 GA 的自动谱聚类算法 GA－ISC。通过改进的谱聚类算法 ISC－CLARANS 达到自动产生聚类结果的目的。引入 GA 提高 CLARANS 算法的执行效率。实验分别在人工数据集及 UCI 数据集上进行。实验证明了 ISC－CLARANS 算法正确、有效。通过 GA－ISC 与 ISC－CLARANS 算法的聚类结果比较，验证了 GA－ISC 算法的高效性。

（3）基于离散 Morse 理论的优化模型。该模型通过在单纯复形上构造离散 Morse 函数来实现。实验结果证明了该模型的正确性及有效性。

（4）新的基于离散 Morse 优化的聚类模型。该模型在离散曲面上进行，聚类后的结果运用层次聚类的思想进行优化。实验在人工数据集及 UCI 数据集上进行，通过与 DBSCAN 算法的聚类结果比较，验证了新模型的高效性及优越性。

本书旨在系统地介绍智能算法及聚类分析的理论、应用及发展，包括我们最近完成的一些研究成果。

本书的研究工作得到了国家自然科学基金（61876101）、山东师范大学第五批实验教学改革项目（SYJG050237）等的资助，同时，课题组全体成员也对我的研究工作提供了很多有益的建议及帮助，谨在此表达诚挚的谢意！

本书中介绍的离散 Morse 技术，其理论及应用均还有大量问题尚待进一步深入研究。由于作者学识水平和可获得资料及数据的限制，本书不妥之处在所难免，敬请同行专家和诸位读者批评指正。

张建萍

2023 年 4 月于山东师范大学

目　　录

第1章　概述 …………………………………………………… 1

1.1　本书研究的背景和意义 ………………………………… 2

1.2　聚类算法及研究现状 ………………………………… 16

1.3　计算智能技术及研究进展 ………………………… 25

1.4　本书的研究内容及组织 ………………………… 33

第2章　基于神经网络的聚类算法研究 …………………… 39

2.1　引言 …………………………………………………… 40

2.2　基于SOM网络的聚类分析模型 ……………………… 42

2.3　TreeGNG层次拓扑聚类模型 ……………………… 44

2.4　FCM：模糊C均值聚类算法 ……………………… 47

2.5　DSOM－FCM：一种新的动态模糊自组织神经网络模型 …………………………………………………… 49

2.6　本章小结 ……………………………………………… 59

第3章　基于遗传优化的谱聚类算法研究………………… 61

3.1　引言 …………………………………………………… 62

3.2 谱聚类算法的介绍 …… 63
3.3 改进的谱聚类算法 ISC－CLARANS …… 76
3.4 基于遗传算法的谱聚类方法 GA－ISC …… 82
3.5 小结 …… 88

第4章 基于Morse优化模型的聚类算法研究 …… 91

4.1 引言 …… 92
4.2 离散 Morse 理论优化模型 …… 93
4.3 实验结果及分析 …… 101
4.4 基于离散 Morse 优化模型的密度聚类算法 …… 105
4.5 小结 …… 115

第5章 总结和展望 …… 117

5.1 总结 …… 118
5.2 进一步研究工作 …… 120

参考文献 …… 122

第1章 概　述

1.1 本书研究的背景和意义

随着信息时代的不断发展以及网络的普及，形式多样的数据急剧膨胀。要想在这浩如烟海的数据世界中找到所需的信息，拥有强有力的数据分析工具尤为重要。人们非常需要一种强有力、能够发现数据之间内在关系的、隐含的信息和知识的工具。为迎合这种需要而产生并迅速发展起来的数据挖掘技术引起了信息科学领域的普遍关注[1]。其中聚类分析作为数据挖掘的一种强有力的分析工具，得到了迅猛的发展和成功的应用，已在科学数据探测、图像处理、模式识别、医疗诊断、计算生物学、文档检索以及 Web 分析等领域起着非常重要的作用。

聚类分析的经典方法主要可归纳为[2,3,4]：划分方法、层次方法、基于密度的方法、基于网格的方法、基于模型的方法以及基于计算智能的神经网络法、进化计算法、模糊法等[5,6]，以及目前受到关注的半监督聚类方法[7]。而近来新出现的聚类集成方法已迅速成为聚类分析的新兴研究热点。聚类集成的目的是融合来自多个聚类算法的结果以得到更高质量和鲁棒性的聚类结果。基于图论的方法[8]，是新近发展较快的方法之一，它是利用图论和图形学的原理实现聚类的方法。与传统算法相比，该算法可以处理更为复杂的簇结构如非凸结构，并能收敛于全局最优解。

目前，对计算智能方法的研究是一个热点。该类技术被广泛地应用到各个领域。计算智能（Computation Intelligence，CI）是指一类算法的统称。该类算法受人类智慧、大自然智慧的启发而设计。这类算法以生物进化的观点实现对问题的优化求解，具有很高的自适应性、自组织性。James C. Bezedek 在 1972 年提出了计算智能的概念。

由若干相对独立的子领域交叉、综合发展起来的计算智能技术主要包括：进化计算、DNA 计算、群体智能、神经网络免疫计算、模糊控制及混沌科学等。近年来，包含神经网络、模糊逻辑和进化计算三个主要方面的计算智能研究异常活跃，基于计算智能的聚类分析方法为传统的聚类分析弥补了不足。在数据挖掘领域，自组织映射（SOM）是最有代表性的神经网络聚类方法。另外，包括遗传算法（GA）、进化策略、免疫规划、克隆学说、蚁群系统、微粒群优化、文化算法等进化计算已成功应用到聚类分析之中。将模糊集概念应用到传统聚类分析中，出现了模糊聚类算法。上述一些计算智能方法融合起来，大大提高了聚类的效果。基于计算智能的聚类分析方法对解决数据聚类问题非常有效，弥补了传统聚类方法的不足，也极大地拓展了聚类分析的应用领域。

最近，一种研究拓扑结构优化的技术——离散 Morse 理论被广泛研究。Morse 理论最初应用于研究光滑流形的拓扑结构，Morse 证明了定义在紧致流形上的任何连续函数必存在一个最大值和最小值[9]。然而在一些离散的样本点集对应的函数 f 值，即使数据点再密集也不能用平滑的方法去分析 f 的性质。针对该理论的局限性，Forman 把 Morse 理论进行了推广和扩展，并将其应用于离散结构。自此，离散 Morse 理论得到了更广泛的应用[10~12]。针对离散 Morse 理论的原理，Forman[13]已进行了详细的探讨和证明；Edelsbrunner[14]已解决了离散 Morse 理论在 2 维 PL－流形中的拓扑优化问题；如何在单元复形上定义最优离散 Morse 函数是离散 Morse 理论的一个关键问题。而最优则是指由此产生的临界单元最少。Forman 证明了这是一个 MAX－SNP 问题。Thomas 在 2 维流形上提出一种线性算法使得总能达到最优[15]。

基于 CI 的聚类分析模型具有很强的自适应能力，从而使算法取得全局最优解，弥补了传统聚类算法的缺点及不足[16]，取得了良好的效果。但是，随着数据挖掘技术应用领域的不断扩展，数据挖掘系统通常面对的是更为复杂的、高维及任意分布的大数据集，因而，可考虑引入新技术来更有效地解决问题，提出一种新的技术应用聚类非常有必要。本书在研究基于神经网络、GA 的聚类分析的基础上，尝试引入一种新的计算智能新技术——离散 Morse 理论应用到聚类分析中，以期提出一些执行效率高、聚类效果好且可满足特定应用需求并具有一定普遍性的聚类分析模型。

1.1.1 聚类分析介绍及意义

聚类是从数据集中发现一些自然的分组（簇），使得簇内的相似度大，簇间的相似度小[17]。聚类技术已被应用于多个领域如模式识别、机器学习等。聚类问题可这样表述：在 d 维空间 R^d 中，给定 n 个样本点和整数 k 的值，找到 k 个点的集合，其中 k 个点称为中心，使得 n 中的每个数据点与其最近的中心的欧氏距离的平方根（SSE）之和最小。$SSE = \sum_{j=1}^{k}\sum_{i=1}^{n_j}(x_{ij}-\overline{x_j})'(x_{ij}-\overline{x_j})$，其中，$\overline{x_j} = \frac{1}{n_j}\sum_{i=1}^{n_j}x_{ij}$ 是第 j 个簇的中心，x_{ij}是第 j 个簇中的第 i 个数据点，且 i = 1，2，…，n_i，j = 1，2，…，k。

目前存在以下几类聚类算法：

（1）划分方法。

给定包含 n 个样本点的数据集，其划分方法为：数据集划分为 k 个不相交的子集，每个子集均代表一个簇且 k≤n。代表算法为 K - Means 算法、K - Medoids 算法、EM 算法、PAM 算法、CLARANS 算法等。

K - Means 算法是基于划分方法的典型算法。用簇中对象的平均值来表示该簇；在 K - Medoids 算法中，每个簇用接近聚类中心的一个对象来表示；EM 算法以另一种形式对 K - Means 算法进行了扩展。它不是把对象分配给一个确定的簇，而是根据对象与簇之间的隶属关系发生的概率来分配对象。新的平均值基于加权的度量值来计算。

PAM算法是基于K-Medoids算法的思想而建立的算法。该算法中对所有可能的对象对进行分析，把每个对中的一个对象看作是中心点，而另一个不是。一个对象被能产生最大平方—误差值减少的对象替代，在一次迭代中产生的最佳对象的集合成为下次迭代的中心点。此算法的时间复杂度为 $O(k(n-k)^2)$，当n和k较大时，其计算代价非常高。因而PAM算法比较适合处理较小规模的数据集。

CLARA算法则可处理较大的数据集。该算法选取整个数据集中的小部分样本，采用PAM算法选择中心点进行聚类。该算法的执行效率比PAM算法要高，但其聚类的质量主要取决于选取的小部分样本。

CLARANS算法将采样技术和PAM结合起来，改进了CLARA算法的聚类质量和可伸缩性。CLARANS算法在搜索的每一步都随机性地抽取一个样本。其聚类的过程可看成对图的搜索。CLARANS算法能够探测孤立点，但是其计算代价较高，时间复杂度为 $O(n^2)$，其中n为数据点的个数。

（2）层次方法。

层次方法就是通过分解所给定的数据对象集来创建一个层次。层次方法存在缺陷就是在进行（组）分解或合并之后，无法回溯。将循环再定位与层次方法结合起来使用常常是有效的，例如，BIRCH和CURE，就是基于这种组合方法设计的。

Chameleon算法[18]是一个利用动态模型的层次聚类算法，它通常采用k-最近邻居图方法来描述对象。该算法的思想是先通过一个图划分方法将数据对象聚类为大量相对较小的子聚类，然后采用凝聚的层次聚类算法反复地合并子类来完成层次聚类。该算法能够发现高质量的任意形状的更自然的聚类结果。但在处理高维数据时，在最坏情况下的时间复杂度达到 $O(n^2)$。并且 k－最近邻居图中的 k 值和相似度函数的阈值都需要人工确定的。

（3）基于密度的方法。

只要邻近区域的密度（对象或数据点的数目）超过某个阈值，就继续进行聚类。

DBSCAN 是一个有代表性的基于密度的方法。它根据一个密度阈值来控制簇的增长。DBSCAN[19] 算法可将足够高密度的区域划分为簇，并在带有“噪声”的空间数据库发现任意形状的聚类。在 DBSCAN 算法形成的聚类结果中，一个基于密度的簇是基于密度可达性的最大的密度相连对象的集合，不包含在任何簇中的对象被认为是“噪声”。该算法最好情况下的时间复杂度为 $O(n^2)$，该算法对参数 MinPts 和 Eps 的选择非常敏感。

OPTICS 算法[20] 由 Ankerst 等进行了发展和推广，该算法没有显式地产生一个数据集合簇，它通过计算得到簇次序，该次序代表了数据的基于密度的聚类结构。该方法解决了 DBSCAN 算法中对输入参数 MinPts 和 Eps 的选择敏感性问题，适合进行自动和交互的聚类分析。但是它不能显式地产生簇，并且不能划分具有相似密度的簇。山谷搜索算法[21] 是基于图理论的聚类方法。该方法的思想是把每个数据点与其邻域内具有较高密度的另一个点相连接，由此可得森林，森林中每棵树表示一个簇，树的根节点密度最大，叶子节点的密度最小；OPTICS 算法与 DBSCAN 的算法复杂度相同。

DENCLUE 算法[22] 是一个基于一组密度分布函数的聚类算法。它用影响函数来描述一个数据点在邻域内的影响；数据空间的整体密度被模型化为所有数据点的影响函数的总和；聚类通过确定密度吸引点来得到。密度吸引点是全局密度函数的局部最大。DENCLUE 算法对于包含大量“噪声”的数据集合，具有良好的聚类效果；对高维数据集合的任意形状的聚类给出了简介的数学描述；该算法的执行效率明显高于 DBSCAN 算法。该算法的最大缺点是要求对密度参数 σ 和噪声阈值 ξ 进行人工输入及选择，而该参数的选择会严重影响聚类结果的质量。

（4）基于网格的方法。

基于网格方法将对象空间划分为有限数目的单元以形成网格结构。其主要优点是它的处理速度很快，其处理时间独立于数据对象的数目，只与量化空间中每一维的单元数目有关。

基于网格思想的代表算法有：STING 算法、CLIQUE 算法、WaveCluster 算法。

STING 算法[23]是一种基于网格的多分辨率的聚类技术，它将空间区域划分为矩形单元。针对不同级别的分辨率，通常存在多个级别的矩形单元，这些单元形成了层次结构：高层的每个单元被划分为多个低一层的单元。关于每个网格单元属性的统计信息被事先计算和存储。这些统计参数对于查询处理是有用的。

CLIQUE 算法[23]可以自动地发现最高维的子空间，高密度聚类存在于这些子空间中。CLIQUE 算法对元组的输入顺序不敏感，无须假设任何规范的数据分布。它随输入数据的大小线性地扩展，当数据的维数增加时具有良好的可伸缩性。但是，由于方法大大简化，聚类结果的精确性可能会降低。

WaveCluster 算法[23]是一种多分辨率的聚类算法，首先通过在数据空间上强加一个多维网格结构来汇总数据，然后采用一种小波变换来变换原特征空间，在变换后的空间中找到密集区域。在该算法中，每个网格单元汇总了一组映射到该单元的点的信息。这种汇总信息适合在内存中进行多分辨率小波变换使用，以及随后的聚类分析。

（5）基于模型的方法。

基于模型方法就是为每个聚类假设一个模型，然后再去发现符合相应模型的数据对象。它根据标准统计方法并考虑到“噪声”或异常数据，可以自动确定聚类个数；因而它可以产生很鲁棒的聚类方法。

其代表算法主要有两类：统计学方法和神经网络方法。COBWEB 算法是一种流行的简单增量概念聚类算法。它的输入对象用分类属性—值来描述。COBWEB 算法以一个分类树的形式创建层次聚类。

神经网络方法将每个簇描述为一个标本，标本作为一个聚类的“原型”。根据某些距离度量，新的对象可以被分配给标本与其最相似的簇。神经网络聚类的两个比较著名的方法：竞争学习和自组织特征映射，这两种方法都涉及了有竞争的神经元。

下面给出一些典型算法的特点及比较，表 1-1 中对各种算法的总结可以给聚类算法的研究和应用提供指导意义。

表 1-1　聚类算法比较[24]

算法	可伸缩性	发现聚类的形状	“噪声”敏感性	数据输入顺序的敏感性	高维性	效率
CLARANS	好	凸形或球形	不敏感	非常敏感	一般	较低
CURE	较差	任意形状	不敏感	敏感	好	较高
BIRCH	较差	凸形或球形	一般	不太敏感	好	高
STING	好	任意形状	不敏感	不敏感	好	高
DBSCAN	较好	任意形状	不敏感	敏感	一般	一般
COBWEB	较好	任意形状	一般	敏感	好	较低
FCM	好	任意形状	敏感	不敏感	好	较高

数据挖掘中针对不同问题对聚类算法提出不同的要求。概括起来大体如下：

①可伸缩性。算法应在不同规模的数据集都能完成高质量的聚类。

②算法具有对各种类型的数据进行处理的能力。

③能发现任意形状的聚类。聚类算法能对各种复杂的形状的数据集进行处理。不仅能够执行凸面形状的聚类，也能处理非凸

形状的簇等。

④聚类结果严重依赖输入的参数，而且参数通常难以确定，因此算法中应尽可能地减少用户对参数的输入。

⑤能够有效地处理噪声样本点。聚类质量可能会由于一些聚类算法对“噪声”或孤立点样本点非常敏感而导致降低。因此应要求算法具备处理噪声数据的能力。

⑥减少输入记录的次序对聚类结果的敏感性。算法对任意次序输入的记录应具有相同的聚类结果。

⑦高维性。聚类算法不仅要擅长处理低维数据集，还要擅长处理高维、数据可能稀疏和高度偏斜的数据集。

⑧聚类结果应该是可解释的、可理解和可用的。

1.1.2 计算智能技术介绍及意义

1.1.2.1 神经网络

人工神经网络（Artifical Neural Network，ANN）也称为神经网络（Nerual Network，NN）诞生于1943年，是连接主义的经典代表。1949年，Hebb根据神经元连接强度的改变代表生物学习过程的假设而提出了Hebb学习规则。虽然从那以后神经网络的研究经历了几起几伏，但最终还是取得了许多丰硕成果，典型的有1982年产生的Hopfield网络、1986年的BP网络和1977年的Kohonen无指导自组织竞争网络等。神经网络由于其模型、拓扑关系、学习与训练算法等都建立在对生物神经元系统的研究之上，虽然离人们设想的程度还很远，但它仍是目前模拟人脑模式识别、联想、判断、决策和直觉的理想工具。它具有高度的并行性、非线性全局作用，以及良好的容错性与联想记忆能力，同时它还以强大的学习能力和很好的自适应性在专家系统、知识获取、智能控制、自适应系统中有良好表现。

截至目前，研究者已经提出了40多种人工神经网络模型，训练算法更是层出不穷。但是，从人工神经网络的应用价值角度来看，研究最多的仅有十多种，包括多层前馈BP神经网络、感知机、非线性泛函网络、自组织映射网络、Hopfield网络、玻尔兹曼机、自适应谐振理论、支持向量机等，而根据结构特点可将这些神经网络分为多层前馈神经网络和动态递归网络两种。

神经网络技术在聚类分析中网络模型主要有学习矢量化(LVQ)[25,26]和自组织特征映射（SOM）[27,28]。其中自组织映射(SOM）是最有代表性的神经网络聚类方法。

SOM网络模型是Kohonen于1982年提出的一种无监督的聚类方法，具有较强的鲁棒性和自适应学习能力，由全互连的输入层和竞争层组成，模拟人脑的处理过程，通过若干个单元竞争当前对象来实现聚类。SOM的输出保持输入对象的拓扑结构，有利于在二维或者三维空间中可视化高维数据。

该网络可分为输入层和输出层（竞争层）。输出层中的神经元(假设有m个）以二维形式排列成一个节点矩阵。若输入向量有n个元素，则输入端有n个神经元。每个输出神经元通过权值$W_{ji}(t)$连接到所有输入神经元，输出层的神经元互相连接，通过若干个单元竞争不断更新$W_{ji}(t)$，使得最终每一个邻域$N_c(t)$的所有节点对某种输入具有类似的输出，并且这种聚类的概率分布与输入模式的概率分布相接近。通过这种无监督的学习，稳定后的网络输出就对输入模式形成自然的特征映射，从而达到自动聚类的目的。输出层中神经元的竞争如下：对于获胜的神经元c，在$N_c(t)$区域内的神经元在不同程度上得到兴奋，在$N_c(t)$区域外的神经元都被抑制。

1.1.2.2 遗传算法

遗传算法[29]是J. Holland教授提出的一类随机搜索算法，它会模拟生物界中的自然选择和遗传机制，通过群体搜索策略和个体间信息的交换，在解空间中进行最优点的搜索。遗传算法主要借鉴了生物进化的一些特征，主要体现在以下几个方面：

①进化发生在解的编码上，这些编码生物学称其为染色体。优化问题的所有性质通过编码来研究。编码和解码是 GA 的一个主要部分。

②自然选择的规律决定哪些染色体产生超过平均数的后代。遗传算法中通过优化问题的目标构造适应度函数产生最优的后代。

③当染色体结合时，双亲的遗传基因的结合使得后代保持双亲的特征，即 GA 中的交叉操作。

④当染色体结合后，随机的变异会造成子代与父代的不同，即遗传算法中的变异操作。

下面给出生物遗传概念在遗传算法中作用的对应关系，如表 1－2 所示。

表 1－2 生物遗传概念在遗传算法中作用的对应关系

生物遗传概念	遗传算法中的作用
适者生存	在算法停止时，最优目标值的解有最大的可能性被留住
个体	解
染色体	解得编码
基因	解中的每一分量的特征（各分量的值）
适应性	适应度函数值
群体	选定的一组解（解的个数为群体规模）
种群	根据适应度函数值选取一组解
交配	通过交配原则产生一组新解的过程
变异	编码的某一个分量发生变化的过程

最优化问题的求解过程就是从众多的解中选取最优的解。生物进化的适者生存规律使得最具有生存能力的染色体以最大的可能性生存。

遗传算法的最优化问题，主要涉及以下几个方面：

（1）解的编码和解码。通常有两种主要的编码方式：常规编码，即0～1二进制编码；非常规编码，非常规编码中用到最多的是浮点数编码等；常规编码中表示方法非常简单，但是在解的构造中没有考虑约束，造成计算中出现不可行解，浪费计算时间。第二类编码方法考虑了问题的特性及约束情况，在计算中不产生可行解，节省算法执行时间。

（2）初始种群的选取和计算中群体的大小。一般采用随机产生初始群体或通过其他方法先构造一个初始群体。初始群体最好随机产生，因为只有随机选取才能达到所有状态的遍历，使最优值在遗传算法进化的过程中生存下来。但是随机产生的种子若缺乏代表性，则可能使算法陷入局部最优无法得到最优解；通过其他方法构造的初始群体可能会减少进化的代数，但也可能会造成算法过早的收敛，即“早熟”。一个比较好的群体规模为 $m=2^{\delta_s/2}$，其中 δ_s 称为模板 s 的长度；经常采用的方法是将群体的规模设定为个体编码长度数的一个线性倍数。如 m 取 n 和 2n 之间的一个确定数，其中 n 为个体的编码长度。群体规模通常取 m＝20～200。

（3）适应度函数的确定。适应度函数一般和目标函数直接相关。当然也可以定义其他的适应度函数。经典的适应度函数主要有：简单适应函数，它是目标函数或是目标函数的简单变形；非线性加速适应函数；线性加速适应函数；排序适应函数等。

（4）三个算法：选择算子、交叉算子和变异算法。

对于选择操作，通常采用轮盘赌的方法选取个体。

交叉操作，遗传算法中交叉的规则较多。常用的主要有：

a. 单点交叉：在双亲节点中随机选取基因位后对基因位后的基因进行交换，对换之后形成2个父个体；

b. 多点交叉：随机选择多个交叉位，将一对父代个体的染色体串随机地多点切断，部分交换重组，产生一对新个体为子代；

c. 单亲遗传法：只有1个父代，下一代的产生通过单亲自身的基因变化产生。

通常的交叉概率一般选择 $P_c = 0.4 \sim 1.0$。

变异操作是扩大染色体选择范围的一个手段，可以得到一些新的基因，增加群体中个体的多样性，有利于 GA 跳出局部最优解。

a. 二进制编码的变异操作主要有：基本位变异、均匀变异和边界变异等。

b. 实数编码的变异操作主要有：单重均匀变异、单重边界变异、单重高斯变异、单重非均匀变异等。

通常的变异概率一般选择 $P_m = 0.005 \sim 0.01$。

（5）终止条件。

a. 给定一个最大遗传代数 MaxGen，算法迭代次数达到 MaxGen 时终止。

b. 给定一个问题的上界 UB 的计算方法，当进化中达到要求的偏差度 ε 时，算法终止。

c. 当通过监控发现算法再进化已无法改进解的性能时，停止算法。

d. 上述终止条件的组合。

遗传算法具有普适性，对目标函数的性质几乎没有要求，甚至都不一定要显式地写出目标函数；遗传算法的计算过程简单，可能较快得到一个满意解；遗传算法与其他的启发式算法有较好的兼容性。但是也存在编码不规范及表示不准确、能否收敛到全局最优解等问题。

1.1.2.3 离散 Morse 理论

Morse 理论作为一个强有力的工具应用于计算拓扑学、计算机图形学、几何建模等领域。该理论最初用于研究光滑流形的结构。近年来，Forman 将理论推广到离散结构如单纯复形中，取得了更广泛的应用。

下面给出离散 Morse 理论涉及的一些概念及相关知识。

（1）离散 Morse 函数：把复形 K 的每个单形映射为一个实数函数 f：K→R 称为离散 Morse 函数。此函数满足：对每个单形 $\sigma^{(p)} \in K$，有：

$$\#\{\tau^{(p+1)} > \sigma^{(p)} : f(\tau) \leqslant f(\sigma)\} \leqslant 1 \\ \text{and } \#\{\upsilon^{(p-1)} < \sigma^{(p)} : f(\upsilon) \geqslant f(\sigma)\} \leqslant 1 \tag{1-1}$$

（2）临界单元：单元 $\sigma^{(p)}$ 是一个临界单元，需满足：

$$\#\{\tau^{(p+1)} > \sigma^{(p)} : f(\tau) \leqslant f(\sigma)\} = 0 \\ \text{and } \#\{\upsilon^{(p-1)} < \sigma^{(p)} : f(\upsilon) \geqslant f(\sigma)\} = 0 \tag{1-2}$$

图 1－1（a）中所有的单形都是临界单元，（c）中临界单形：0 维单形⓪和 1 维单形⑤。

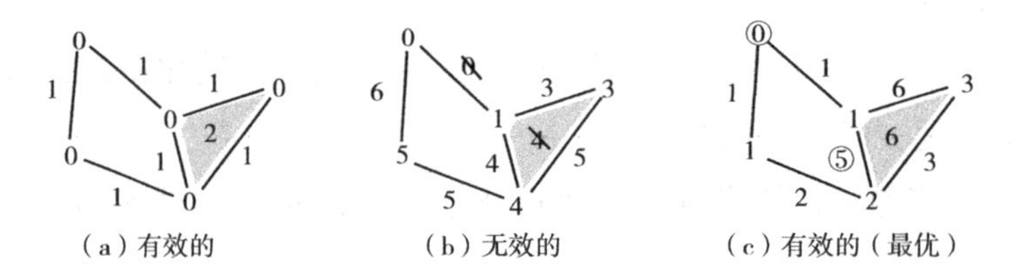

图 1－1　离散 Morse 函数的例子

（3）离散梯度向量场（见图 1－2）：离散梯度向量场 V 是复形 K 中单形的有序对 $<\alpha^{(p)}, \beta^{(p+1)}>$ 集合，α，β 满足：$\alpha < \beta$ 且 $f(\beta) \leqslant f(\alpha)$。

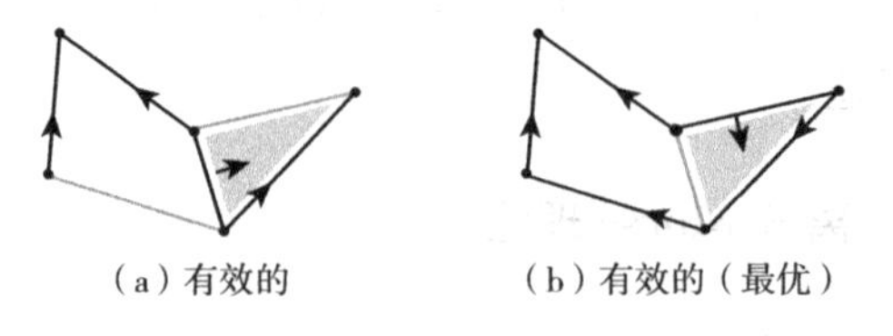

图 1－2　离散梯度向量场的例子

Morse 函数 f 沿着下降流方向是递减的，这为 Morse 理论提供了优化基础。

（4）水平割：如果复形 K 中单形 α 包含的所有顶点 x 的取值 $h(x)$ 都不大于阈值 t，则所有满足此条件的 α 的集合称为复形上的水平割，即 $K(t)=\{\alpha\in K \mid h(x)\leqslant t, \forall x\in\alpha\}$。

（5）简单同伦：简单同伦即连续形变，指一系列的折叠和扩展。如果两个复形通过简单同伦可由其中一个复形转换为另一个，则称它们有相同的同伦型。

$\upsilon^{(p-1)}<\sigma^{(p)}$ 是复形 K 的两个单形，若 υ 是 σ 的面且 υ 没有其他的依附面（coface），则称 σ 有一个自由面 $\upsilon=\mathrm{pair}(\sigma)$，$(\upsilon, \sigma)$ 是自由对。移除自由对称 K 折叠（collapse）为 $K\setminus(\sigma\cup\upsilon)$，反之，$K\setminus(\sigma\cup\upsilon)$ 扩展为 K。离散 Morse 理论可通过离散 Morse 函数产生的临界单元来描述单纯复形的简单同伦特征。

（6）Hasse 图是组合向量场中单形的部分匹配：组合向量场中的每一对对应 Hasse 图中相匹配的两个节点（见图 1－3）。

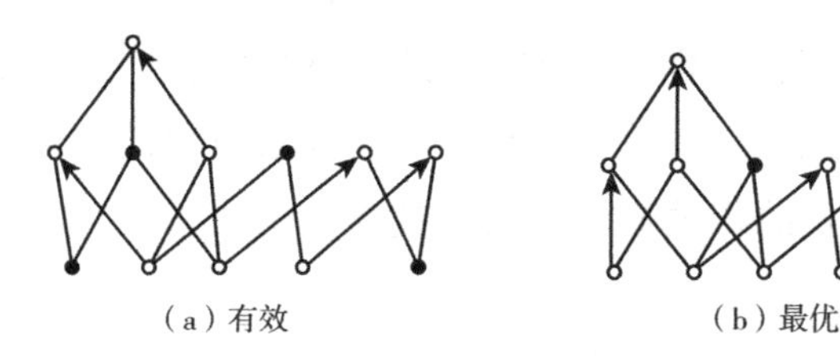

（a）有效　　（b）最优

图 1－3　对应的 Hasse 图

在流形上定义一个 Morse 函数，则可通过产生的临界单元得出该流形的拓扑结构信息。因此，如何在单元复形上定义最优离散 Morse 函数是一个关键问题。而最优则是指由此产生的临界单元最少。Forman 证明了这是一个 MAX－SNP 问题。Thomas 在 2 维流形上提出一种线性算法使得总能达到最优。

（7）下面给出两个定义。

［**定义 1－1**］ x 较小星域 $S(x)$（lower star）：由 x 的所有依附

面组成包括 x 本身，即 $S(x)=\{\alpha\in K \mid x\in\alpha, g(x)=\max g(y)\}$。$S(x)$ 中包含的单形都是开放的、无边界的。所有 $x\in D$ 邻域并组成了复形 K。

［**定义 1-2**］ x 较小链域 $L(x)$ （lower link）：由 $S(x)$ 所有单形中不包含 x 的面组成，即 $L(x)=\{\upsilon\in K \mid \upsilon\subseteq\alpha\in S(x), \upsilon\cap x=\phi\}$。

根据定义 1-1 和定义 1-2，我们可以给出顶点 x 闭合较小星域 $\overline{S(x)}=S(x)\cup L(x)$。

1.2 聚类算法及研究现状

聚类是把一个数据对象的集合划分成多个簇，簇内对象相似度大，簇间对象相异性大的过程。聚类是无监督学习，是在无标记样本的条件下将数据分组，从而发现数据的天然结构。其特点是：对描述对象间相异性或相似性的数据进行分析，将这些数据在距离的层面相结合，作为对象之间远近程度的度量，依特定方法进行聚类。因此聚类在数据分析中有着非常重要的作用。

聚类算法涉及的相关概念及实现技术。

1.2.1 聚类分析中的数据类型

（1）数据矩阵。

由对象和属性构成，设聚类问题由 n 个对象组成：$x_i(i=1, 2, \cdots, n)$，每个对象有 m 个属性，第 i 个对象第 j 个属性的观测值为 x_{ij}，数据矩阵通常采用 $n\times m$ 矩阵来表示。

$$\begin{pmatrix} x_{11} & \cdots & x_{1m} \\ \vdots & \ddots & \vdots \\ x_{n1} & \cdots & a_{nm} \end{pmatrix} \tag{1-3}$$

其中，行向量 $\alpha_i=(x_{i1}, x_{i2}, \cdots, x_{im})$ 表示对象 i 的属性。列向量 $\beta_j=(x_{1j}, x_{2j}, \cdots, x_{nj})^T$ 表示属性 j 的观测值。

（2）相异度矩阵。

相异度矩阵由对象和对象构成，所有对象彼此之间的相异度表示该矩阵，一般采用 n 阶的对角矩阵来表示：

$$\begin{pmatrix} 0 & & & & & \\ d_{(2,1)} & 0 & & & & \\ d_{(3,1)} & d_{(3,2)} & 0 & & & \\ \vdots & \vdots & \vdots & \ddots & & \\ d_{(n-1,1)} & d_{(n-1,2)} & d_{(n-1,3)} & \cdots & 0 & \\ d_{(n,1)} & d_{(n,2)} & d_{(n,3)} & \cdots & d_{(n,n-1)} & 0 \end{pmatrix} \tag{1-4}$$

其中，$d_{(i,j)}$ 为对象 i 和对象 j 之间的相异度，通常满足 $d_{(i,j)}\geqslant 0$。该数值越大，就表示对象之间越不相似。当该数值接近 0 时，说明对象 i 和对象 j 之间有着极高的相似度，因此有 $d_{(i,j)}=d_{(j,i)}$，$d_{(i,i)}=0$。

（3）相似度的度量方法[30]。

相似度的度量通常采用两个对象之间的距离来进行计算。样本数据表示为 x_{ij}，$x_{ij}\geqslant 0$；$i=1, \cdots, m$；$j=1, \cdots, n$。计算方法主要有以下几种。

①闵可夫斯基距离（Minkowski distance）。

$$dist_{mk}(x_i,x_j)=\left(\sum_{u=1}^{n}|x_{iu}-x_{ju}|^p\right)^{\frac{1}{p}}, p\geqslant 1 \tag{1-5}$$

②曼哈顿距离（Manhattan distance）。

当 $p=1$ 时，闵可夫斯基距离即曼哈顿距离。

$$dist_{mk}(x_i,x_j)=\left(\sum_{u=1}^{n}|x_{iu}-x_{ju}|\right) \tag{1-6}$$

③欧氏距离（Euclidean di'stance）。

当 $p=2$ 时，闵可夫斯基距离即欧氏距离。

$$\mathrm{dist}_{mk}(x_i, x_j) = \sqrt{\sum_{u=1}^{n} |x_{iu} - x_{ju}|^2} \tag{1-7}$$

当 $p \to \infty$ 时，闵可夫斯基距离即切比雪夫距离（Chebyshev Distance）。

④余弦距离。

利用闵可夫斯基度量对高维数据进行聚类通常是无效的，因为样本之间的距离随着维数的增加而增加。余弦距离测量两个矢量之间的夹角，而不是两个矢量之间的幅值差。它适用于高维数据聚类时相似度测量。

$$\cos(\vec{x}, \vec{y}) = \frac{\vec{y}^T \vec{x}}{\|\vec{x}\| \|\vec{y}\|} \tag{1-8}$$

⑤马氏距离（Mahalanobis Distance）。

马氏距离，即数据的协方差距离，与欧式距离不同的是它考虑到各属性之间的联系，如考虑性别信息时会带来一条关于身高的信息，因为两者有一定的关联度，而且独立于测量尺度。

$$D_{mah}(x, y) = (p - q) \sum^{-1} (p - q)^T \tag{1-9}$$

其中，$\sum$ 是数据集 x、y 的协方差矩阵。马氏距离在非奇异变换下是不变的，可用来检测异常值（outliers）。

1.2.2 基于划分的方法

划分聚类也称为分割聚类。该方法的典型代表是 k-means 算法（或称为 C 均值算法）、K-medoids 算法、PAM 算法、CLARA 算法和 CLARANS 算法。C 均值算法分为硬 C 均值算法（HCM，Hard C-Means）和模糊 C 均值算法（FCM，Fuzzy C-Means）。FCM 算法的应用最为广泛。模糊 C 均值聚类算法（FCM）由 Dunn 提出，Bezdek 发展并推广。FCM 算法[31]的思想是根据隶属度值最大原则把数据集划分成多个簇，使得同一个簇中的对象相似性大，不同簇中的数据对象的相似度低。该算法对模糊聚类目标函数是凸函数，即模式分布呈现类内团聚状，能达到很好的聚类效果。但该算法严重依赖隶属度矩阵和初始中心点的选择，通过不断迭代来得到最优的目标函数，该算法的时间复杂度较高。杨悦[32]等将FCM算法与核函数相结合，提出一种新的基于核函数及空间邻域信息的FCM图像分割算法。该算法解决了传统FCM在进行图像分割时对噪声敏感的问题；Ng等[33]提出一种通过修改距离函数能够适应噪声和孤立点的AHCM和AFCM算法；陈旭、冯玲等[34]提出一种基于专利技术功效矩阵的聚类方法。该方法通过计算技术的相似度采用K－means的方法进行聚类，取得了良好的效果。K－medoids和PAM算法对小的数据集非常有效，但对大的数据集合没有良好的可伸缩性。CLARA算法对抽取到的数据集中的样本应用PAM算法进行聚类，虽能处理大的数据集，但其聚类质量与样本的选取有很大的关系。Ng和Han在PAM基础上提出一种新的启发式搜索算法CLARANS算法[33,35]，该算法通过对图的随机搜索来发现代表簇的中心点。CLARANS算法是第一个成功应用在空间数据挖掘领域的聚类算法，它克服了其他经典聚类算法不能处理大规模数据集的缺点[36]，但仍没能解决执行效率低的问题，其时间复杂度为O（kN^2）。为了加快算法的执行速度，Zhang等提出的基于PVM机制的并行CLARANS算法有效地提高了算法速度[37]；Ester，Kriegel和Sander[38]提出采用有效的空间存取的CLARANS算法，将R－树结构与CLARANS算法结合有效地扩展了算法处理数据集的规模；宗瑜等[39]设计合理的空间平滑策略——噪声法来改变搜索空间的搜索表面方法，在搜索空间中加入一组从强到弱的噪声，达到“填平”局部最优解的目的，使CLARANS算法跳出局部最优解的影响，提高聚类质量。

1.2.3 层次聚类的方法

层次聚类自 1990 年由 Kaufman 提出，典型的层次聚类算法有：BIRCH、CURE、ROCK、Chameleon 等。BIRCH 算法由 Zhang，Ramakrishnan 等人在 1996 年提出，是现在仍然有很广泛使用范围的层次聚类算法，它主要采用其他技术之前使用 CF 树进行了层次聚类；Guha 等人提出的 CURE 算法是采用固定数目的代表对象来表示每个簇，然后根据一个定义的分数向着聚类中心对它们进行收缩；ROCK 算法则基于簇间的互联性进行合并；Karypis 等人提出的 Chameleon 算法，是在层次聚类中发现动态模型。

以上所介绍的算法都是层次聚类算法的经典算法。由于层次聚类的思想较为简单，但算法复杂度相对较高，应用到大型数据库中都不是很理想；而且簇的有效性主要用来决定在大型数据量中最优簇的数目，并且底层的簇既小又与其他簇非常接近，这就使得最终结果的有效性受到限制。当然，研究人员也提出了新的改进方案，如郭晓娟等人提出的基于部分重叠划分的改进方法[40]。其主要思想是把聚类分为两个阶段：第一个阶段将数据分配到 P 个重叠的单元，然后每个单元获得最接近点对，如果点对的距离小于单元的分离距离则合并为一个点，这其实是凝聚的过程；第二个阶段就是利用传统的聚类算法合并余下的簇。该改进算法思路与 Chameleon 算法接近，通过实验可减小算法复杂度，并能发现自然簇。

Chameleon 算法是与图论结合较为紧密的算法，它的基本思想就是把数据对象看作为图中的节点，再按照图论中划分和合并的思想来聚类，主要是根据内容互连性和外部相似度来考虑。当然，Chameleon 算法也有其不足之处：k－最近邻图中的 k 需要人工设置，最小二等分的选取也比较困难，还有相似度函数的阈值也需要人工给定等。这都使得该算法需要过多的参数设置，影响了算法的准确度和有效性。龙真真等人提出了一种改进的 Chameleon 算法[41]，把表示数据的节点的图转化为一个以距离为基础的加权图，然后引入模块度的概念对加权图进行合理分割，并按照结构相似度再合并。该算法没有使用任何参数设定，增强了 Chameleon 算法的可行性和先进性，聚类效果也很好。

1.2.4 基于密度聚类的方法

基于密度的聚类方法能够发现任意形状的簇，解决了基于划分方法中只能发现球状簇的缺点，其主要思想是：只要邻近区域的密度超过某个阈值，就继续聚类，即对给定类中的每个数据点，在一个给定范围的区域中必须至少包含某个数目的点。典型的基于密度的聚类算法包括 OPTICS、DENCLUE、DBSCAN 等，尤其是密度峰值聚类（DPC）技术，由于其只依赖于较少的初始参数，因而可以发现任意形状的簇。

DBSCAN 算法可将足够高密度的区域划分为簇，并在带有“噪声”的空间数据库发现任意形状的聚类。在 DBSCAN 算法形成的聚类结果中，一个基于密度的簇是基于密度可达性的最大的密度相连对象的集合，不包含在任何簇中的对象被认为是“噪声”。该算法最好情况下的时间复杂度为 $O(n^2)$，该算法对参数 MinPts 和 Eps 的选择非常敏感。

OPTICS 算法由 Ankerst 等进行了发展和推广，该算法没有显式地产生一个数据集合簇，它通过计算得到簇次序，该次序代表了数据的基于密度的聚类结构。该方法解决了 DBSCAN 算法中对输入参数 MinPts 和 Eps 的选择敏感性问题，适合进行自动和交互的聚类分析。但是它不能显式地产生簇，并且不能划分具有相似密度的簇。山谷搜索算法是基于图理论的聚类方法。该方法的思想是把每个数据点与其邻域内具有较高密度的另一个点相连接，由此可得森林，森林中每棵树表示一个簇，树的根节点密度最大，叶子节点的密度最小；OPTICS 算法与 DBSCAN 的算法复杂度相同。

DENCLUE 算法是一个基于一组密度分布函数的聚类算法。它用影响函数来描述一个数据点在邻域内的影响；数据空间的整体密度被模型化为所有数据点的影响函数的总和；聚类通过确定密度吸引点来得到。密度吸引点是全局密度函数的局部最大。DENCLUE 算法对于包含大量“噪声”的数据集合，具有良好的聚类效果；对高维数据集合的任意形状的聚类给出了简介的数学描述；该算法的执行效率明显高于 DBSCAN。该算法的最大缺点是要求对密度参数 σ 和噪声阈值 ξ 进行人工输入及选择，而该参数的选择会严重影响聚类结果的质量。

尽管基于密度的聚类方法能够发现任意形状的簇，并能区分“噪声”。但是还存在以下的不足：当簇的中心点彼此相邻接时，该方法可能会把一些有意义的簇划分成很多的子簇，即“溢出”现象；簇的边界点与孤立点可能混淆问题，一些簇可能呈现出中心点密集而边界点稀疏的分布，因为边界点的密度低，可能会把这样的点当成“噪声”来处理。为解决这一类问题，Wang xiaoFeng[42]提出一种基于水平集思想聚类的方法。在该算法中构造了一个新的初始边界公式通过水平集进化方法找到接近的簇中心点；提出了一个新的高效的密度函数 LSD 来进行进化演变，并通过山谷搜索算法来得到最终的聚类结果。实验证明了该算法的有效性和高效性。

1.2.5 基于图聚类的方法

基于图论的方法，是新近发展较快的方法之一。它是利用图论和图形学的原理实现聚类的方法，该类算法可以处理更为复杂的簇结构如非凸结构，并能收敛于全局最优解。图聚类算法的代表有：最小生成树（MST）、基于有向树的聚类算法、基于 Delaunay 三角图算法（DTG）、基于强连接子图算法（HCS）、基于连通核的可辨识聚类算法（CLICK）、CAST 算法、基于 P 加权最小公共母图算法（WMCSP）、基于最大公共子图的算法（McGregor）及其谱技术聚类的方法。

图聚类技术难点[43]主要体现在算法的计算复杂度、高维数据的处理，基于谱技术的聚类的方法成为研究的热点。谱算法框架一般可归纳为三步：第一，构造数据集的相似矩阵；第二，通过计算相似矩阵或者拉普拉斯矩阵的前 K 个特征值与特征向量，构建特征向量空间；第三，利用 K－means 或其他经典聚类算法对特征空间中的特征向量进行聚类。常见的算法有：基于归一化割的图像分割（SM）[44]及改进的算法（KVV）[45]、低速率割的方法（MRC）[46]，用归一化后拉普拉斯特征向量表达目标数据再用 K－means 算法实现聚类的方法（NJW）[47]，矩阵特征向量表达的聚类方法 MULTICUT[48]和 ANCHOR[49]算法等。孔敏[50]以图的谱理论为基础，对关联图的谱及谱分解特征，以及图的谱降维进行了详细的阐述，并将降维后的目标数据用 FCM 算法进行聚类，取得了较好的效果。谱聚类思想的具体代表为：Hancock 及同事们的基于谱特征空间的图聚和 Kosinov，Caelli 等在用特征向量实现的图的匹配及建立聚类模型。

谱聚类算法中利用图的谱特征表达图，计算的复杂度会大大降低；图的谱特征能够表示大数据量的图，这解决了其他算法对大量图或包含大数据量图处理和计算的困难。

1.2.6 基于计算智能算法与聚类分析的融合研究

在数据挖掘中聚类是一项基础工作，经常应用于数据集中发现基于相似度相似个体的簇。聚类在很多领域应用广泛，如模式识别[51]、生物信息学[52]、图像分割[53]、信息检索[54]等领域。在过去十年里，采用不同机制的大数据聚类技术在不同领域有了快速发展。目前，基于计算智能算法与聚类分析的融合研究引起研究者的关注，成为聚类的热点。

近年来，深度神经网络（DNN）在处理图像和文本等规则欧几里得数据集中取得了显著的成功。然而，许多领域涉及图结构数据，常规 DNN 不能直接应用。随着大规模图结构数据的应用及发展，如在线社交网络，将神经网络应用于图聚类越来越受到关注[55]。受卷积神经网络（CNNs）与局部接收场的卷积运算和参数共享的启发，最近的几篇文献将这种卷积运算扩展到了非欧氏图域[56-59]。为了解决大规模、高维数据的降维和特征表示问题，在聚类任务中引入深度学习，以无监督表征学习为研究中心，提高聚类性能。为了满足更多的要求及提高聚类性能，研究者在学习表征的过程中加入交替更新优化的思想。Dijazi 等[60]提出 DEPICT（Deep Embedded Regularized Clustering），作为一个端到端的联合学习框架，避免堆叠自动编码器的逐层预训练。杨瑞峰等[61]将聚类算法的思想引入遗传算法中，用于解决分布式置换流水车间的工件排序问题，改进了传统遗传算法的适应度函数与交叉变异算子，既保证种群的多样性，又使算法具有全局搜索能力。游行键等[62]采用聚类分析法将数量众多的英国高校分成三类，以实现为不同人群提供相应的大学游学目标院校组；设计改进的遗传算法对游学路径进行优化，从而达到为学生和家长提供科学的个性化最优游学路线的目的。张建萍等根据 Forman 的离散 Morse 理论的特点，提出一种基于离散 Morse 理论的优化模型。该模型在 3 维及以上空间点构建离散 Morse 函数进行最优化，得到了问题的最优解或近似最优解。同时，证明了所构建的函数确实是复形上的离散 Morse 函数。利用 4 个典型的测试函数进行仿真实验，结果表明了该模型的有效性，且该模型尤其适用于解决大数据量的优化问题。从聚类的过程即目标函数的优化过程这一角度考虑，尝试将优化模型应用于聚类分析。仿真实验结果表明，所提出的算法能较好地划分数据点重叠区域的聚类形状，验证了所提出算法的可行性和有效性。

1.3 计算智能技术及研究进展

1.3.1 人工神经网络及研究现状

神经网络的基本原理是构造人工神经网络模型的一个基本依据。人工神经网络模型诞生于 1943 年，是连接主义的经典代表。1943 年，McCulloch 和 Pitts[63] 建立了第一个人工神经网络模型，后被扩展为“认知”模型，解决简单的分类问题。1949 年，Hebb 根据神经元连接强度的改变代表生物学习过程的假设而提出了 Hebb 学习规则。虽然从那以后神经网络的研究经历了几起几伏，但最终还是取得了许多丰硕成果。20 世纪 80 年代，Hopfield[64] 将人工神经网络成功地应用在组合优化问题，典型的有在 1982 年产生的 Hopfield 网络、1986 年产生的 BP 网络和 1977 年产生的 Kohonen 无指导自组织竞争网络等。McClelland 和 Rumelhart[65] 构造的多层反馈学习算法成功地解决了单隐含层认知网络的“异或”问题及其他的识别问题。他们的突破使得人工神经网络成为新的研究热点。

神经网络由于其模型、拓扑关系、学习与训练算法等都建立在对生物神经元系统的研究之上，虽然离人们设想的程度还很远，但它仍是目前模拟人脑模式识别、联想、判断、决策和直觉的理想工具。它具有高度的并行性、非线性全局作用，以及良好的容错性与联想记忆能力，同时它还以强大的学习能力和很好的自适应性在专家系统、知识获取、智能控制、自适应系统中有良好表现。

人工神经网络的建立和应用可以归结为三个步骤：网络结构的确定、关联权的确定和工作阶段。

（1）网络结构的确定。

主要包括网络的拓扑结构和每个神经元激活函数的选取。拓扑结构是神经网络的基础。前向型人工神经网络的特点是将神经元分为层，每一层内的神经元之间没有信息交流，信息由后向前一层一层地传递，反馈型神经网络则将整个网络看成一个整体，神经元相互作用，计算是整体性的。

激活函数的类型比较多，主要有阶跃函数、线性函数、Sigmoid 函数。

阶跃函数：

$$sgn = \begin{cases} 1, & x \geqslant 0 \\ 0, & 其他 \end{cases} \tag{1-10}$$

线性函数：

$$f(x) = ax + b \tag{1-11}$$

其中，a 和 b 是实常数。

Sigmoid 函数：

$$f(x) = \frac{1}{1 + e^{-x}} \tag{1-12}$$

（2）关联权和 θ 的确定。

权和 θ 是通过学习训练得到的，学习分为有指导学习和无指导学习两类。在已知一组正确的输入输出结果的条件下，人工神经网络依据这些数据，调整并确定权数 ω_i 和 θ，使得网络输出与理想输出偏差尽量小的方法称为有指导学习。在只有输入数据而不知输出结果的前提下，确定权数和 θ 的方法称为无指导学习。在学习过程中，不同的目标函数得到不同的学习规则。

（3）工作阶段（simulate）。

工作是指在权数和θ确定的基础上，用带有确定权数的神经网络去解决实际问题的过程。学习和工作不是绝对分为两个阶段，它们相辅相成，可以通过学习、工作、再学习、再工作的循环过程，逐渐提高人工神经网络的应用效果。图1－4是前向型人工神经网络的计算流程。

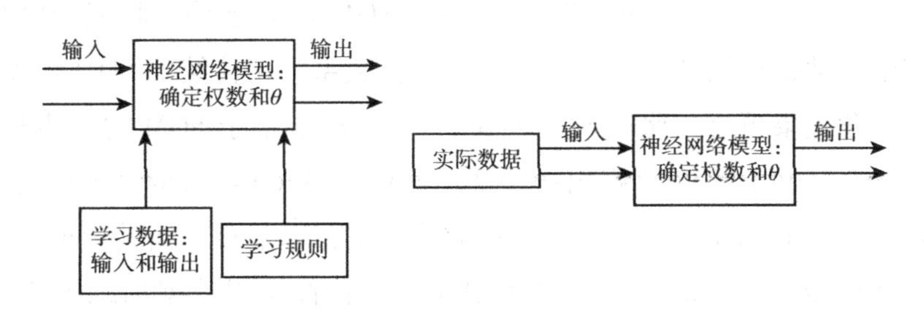

图1－4　人工神经网络计算过程示意图

自组织映射（SOM）是最有代表性的神经网络聚类方法。它是Kohonen提出的一种无监督的聚类方法，有全互连的输入层和竞争层组成，模拟人脑的处理过程，通过若干个单元竞争当前对象来实现聚类。SOM的输出保持输入对象的拓扑结构，有利于在二维或者三维空间中可视化高维数据。自适应谐振理论（ART）是一种能自组织地产生对环境识别编码的神经网络理论模型[66]，属于无监督的学习网络，也常用于聚类分析。Alahakoon D[67]提出一种动态增长自组织映射模型（GSOM），GSOM在初始阶段，竞争层由4个神经元构成正方形结构；在训练过程中，对于每一个输入样本X，计算其获胜节点c的累积误差TE，若误差TE大于预先指定的生长阈值GT，则在c的邻域内找一空闲位置生成一个新节点；若在c的邻域内无空闲位置，则将c的累积误差TE分配给其邻域内的节点。该模型不能按需要随时在合适的位置生成新节点。王丽和王正欧[68]提出一种新的树型动态增长模型TGSOM，可以按需要方便地在任意合适位置生成新节点；A. Rauber[69]等提出的动态增长层次模型（GHSOM），增长型分层自组织映射具有一种多层结构，每一层由若干独立增长的SOM组成。在其无监督训练过程中，网络能根据输入数据的特征自行调整每一个SOM的大小和整个网络的深度，从而实现数据的层次聚类。Su等[70]改进的DSOM模型在学习阶段能自适应地调整网络结构，可在二维空间可视化高维数据；Jin等[71]的扩展ESOM算法能更好地检测和保持输入数据空间和输出网格之间的拓扑关系，比传统的SOM模型可视化效果更好；张毓敏和谢康林[72]实现了基于SOM的文本聚类；张钊和王锁柱[73]提出一种基于SOM和PAM结合的聚类算法；Hussin和Kamel[74]把SOM和ART模型结合起来对文档进行聚类。描述两步聚类法的文章主要体现在[75,76]：首先用数据训练SOM，然后再进行SOM的聚类。第一步，输出神经元的个数要大于期望的聚类数。在SOM训练之后，通过聚类输出神经元来实施聚类。Vesauto和Alhon ierni[77]应用经典的层次聚类算法和划分算法对SOM聚类，其目的在于减少经典聚类方法的计算复杂度。另外，在SOM网络的应用方面：尹小娟等[78]提出一种基于SOM网络的三维人脸表情聚类方法，该方法克服了人脸表情识别在二维的情况下数据包含信息量有限及识别性能急剧下降的缺点；李为、都雪等[79]采用PCA和SOM分析了洪泽湖水质的时空变化特征，对防治洪泽湖富营养化提供了有效的解决办法；王修岩、李翠芳等[80]通过建立SOM网络初步诊断系统，引入协同学理论进一步判断对应的故障类型，提出了一种基于SOM神经网络和协同学理论的故障诊断方法。

1.3.2 遗传算法及研究现状

基于自然选择和遗传学的进化计算方法也在人工智能的研究

中取得了令人瞩目的成果。进化计算的典型算法就是遗传算法。遗传算法是一种借鉴自然界自然选择和进化机制发展起来的高度并行、随机、自适应搜索算法。简单而言，它使用了群体搜索技术，将种群代表一组问题解，通过对当前种群施加选择、交叉和变异等一系列遗传操作，从而产生新一代的种群，并逐步使种群进化到包含近似最优解的状态。由于其思想简单、易于实现以及表现出来的健壮性，遗传算法在问题求解、优化和搜索、机器学习、智能控制、模式识别和人工生命等应用领域都取得了许多令人鼓舞的成就。

进化计算是建立在生物进化基础之上的基于自然选择和群体遗传机理的随机搜索算法，已成功应用于聚类分析[81,82]。将模糊集概念应用到传统聚类分析中，出现了模糊聚类算法[83~86]。上述一些计算智能方法融合起来，更能增强聚类的性能。例如，Laszlo等[87]以超四叉树用GA求出K-means的中心来解决大数据集聚类问题；Sheng等[88]将GA和K-medoids结合起来提高聚类性能；Wu等[89]将蚁群算法与K-means结合提出CSIM模型应用于文档聚类；王春明等[90]将粗集与GA结合进行文本模糊聚类；陈金山和韦岗[91]提出遗传FCM混合聚类算法，利用遗传算法的全局搜索能力来摆脱FCM可能陷入和局部极小点，从而优化聚类性能；李洁和焦李成[92]等提出将克隆选择算法与FCM结合用于分析大数据集聚类问题并提出基于特征加权的模糊聚类新算法[93]，将FCM、模糊K-mode和K-原型算法合二为一，使样本的聚类效果更好并可以分析各维特征对分类的贡献程度。徐晓艳[94]提出一种基于聚类思想的改进混合遗传算法。通过聚类操作将种群划分为多个子种群，禁止同一个子种群的相似个体进行遗传算法，有效避免算法“早熟”现象；算法中提出一种适用于局部搜索的方向的单形交叉算子，这种可调控局部的搜索策略可加快种群的进化。曹永春等[95]提出一种基于免疫遗传算法的聚类方法。该方法将免疫原理引入遗传算法中，通过增加基于浓度的调节因子来调整抗体的选择概率。实验证明，该算法具有良好的性能和聚类效果。

1.3.3 离散 Morse 理论及研究现状

自从 M. Morse 中提出 Morse 理论以来，Morse 理论已成为研究光滑流形拓扑结构的一个重要的工具。它的应用非常广泛，如图形学、拓扑学、几何建模等[96~99]。Morse 证明了流形的拓扑结构与定义其上的实数映射的临界点密切相关，即定义在紧致流形上的任何连续函数必有一个最大值和最小值。Bott[100] 对 Morse 理论有一个完美的概述，其中包括最近的发展概况。

Forman 在传统的基础上将 Morse 理论发展到离散结构，使之更为有效、更严密，此理论被称为离散 Morse 理论。自从将 Morse 理论用于解决离散性的问题，大大扩宽了其应用的范围[11,12,101]，并且它的组合方面允许几何造型的实现完全独立于计算：我们设计的算法不需要任何的坐标或浮点计算，可独立添加几何约束。Forman 证明了一些结果并提供了理论的应用[102~104]。

Forman 对 Morse 理论的最大贡献之一是将该理论用于离散结构，发展为离散 Morse 理论。他为该理论的应用提供了理论的支持。例如 Forman[13,104]介绍了该理论的基本原理，对此理论进行了扩展[103]。Forman[105]用“组合微分拓扑学”一词来指代微分拓扑学中基本概念如向量场及它们对应的流在组合空间如单纯复形研究上的应用。Forman[13] 介绍了定义在有限 CW - 复形上的离散 Morse 函数的概念，并在此基础上发展了离散 Morse 理论，并把它作为一种工具来研究复合体的同伦形和同调群。Forman 证明了带离散梯度向量域 V 的单元复形简单同伦等价于另一个复形（该复形完全由 V 的临界单元所构建）。

我们认为一个 Morse 函数是最优的当且仅当它能使单元复形

获得尽可能少数量的临界单元。因此，利用 Forman 的离散 Morse 理论解决问题的关键是如何通过定义离散梯度向量域来构造最优的离散 Morse 函数。

利用 Forman 的离散 Morse 理论解决问题的关键是如何构造最优离散 Morse 函数。下面选择介绍两类典型的离散 Morse 理论的应用。

（1）以 Thomas Lewiner[15]为代表的离散 Morse 理论的应用。

Thomas 提出的算法中，初始条件为仅仅给定一个单纯复形，在给定的单纯复形上构建离散 Morse 函数，最终得到尽可能少的临界单元。

Thomas 针对 2 维单元复形提出一种线性算法来构造离散 Morse 函数，并通过例子证明此算法对于 2 维流形可达到最优。

对于一个 2 维单元复形 K，在每个连通分量上的算法过程可分为以下四步进行：

第一步，在 K 的对偶图上构造生成树 T（即面的生成树）；

第二步，如果 K 是有边界的，则在生成树上增加一个环；

第三步，在 T 上构造离散 Morse 函数；

第四步，求 T 的补图 G，然后在 G 上构造生成树 U（即顶点的生成树），并在 U 上构造 Morse 函数。

在 K 的对偶图上构造生成树 T 的算法可参考相关文献[26]，求 T 的补图 G 的方法是：G 中包含 K 的所有顶点，G 的链是属于 K 中的边，且未在 T 中表示过，且 G 无环。在第一步和第二步中通过构造对偶图的面生成树来建立离散梯度向量场，在第四步，通过建立顶点生成树来定义离散梯度向量场。第三步和第四步的最后一部分则为整个的向量场的集成。因此最优离散 Morse 函数的构造就是处理 Hasse 图的顶端对偶层及它的最底层，也就是在这两层构建生成树。

Thomas 提出了“创建森林”的思想，给出了超林的概念。对前面的算法进行了改进，由 2 维单元复形扩展到任意维的一般单元复形来构建离散 Morse 函数和离散梯度向量场，但在执行时间上是二次的。具体算法可参考相关文献[15]。文中给出了大量实验的结果，证明此算法在大多数情况下能达到最优。

（2）以 Henry King[106]为代表的离散 Morse 理论的应用。

Henry King 提出的算法中，初始条件为给定一个有限的单纯复形，并给出单纯复形上顶点到 R 的映射函数 h，如何扩展 h 从而构建 Morse 函数，最终得到尽可能少的临界单元。

Henry King 在论文中给出了一个较完整的算法，即通过扩展 h 构建 Morse 函数来得到尽可能少的临界单元，实例证明提出的算法有效。

在算法中，Henry King 提出一个 h 的替代函数 $h'(w)=(h(w)-h(v))/\ell([v,w])$，其中 $\ell[v, w]$ 是边 $[v, w]$ 的欧氏距离。这样的 $h'(w)$ 最小值就是 h 下降最快的方向，由此也可以得到离散梯度向量场。这样沿着离散梯度向量场的指向也可以取得函数 h 的最小值，由此也体现了离散 Morse 理论在函数优化方面的特性。

此外，R. Ayala 和 J. A. Vilches 等[107,108]研究了离散 Morse 函数在一维有限复形上的定义方法。而 R. Ayala[109]则继续了这项研究，并延伸到二维无限复形的离散 Morse 函数的构造上，同时也考虑了函数的最小化问题。Lina zhang[110]等研究了基于 Morse 理论的离散梯度向量域的方法，并将其应用于拓扑可视化，用该方法演示了 Moebius 带，并介绍了相关理论，分析了如何构造离散梯度向量域，最后完成向量域的演示并给出了实验结果证明其有效性。该方法可直接应用于计算机辅助设计和虚拟模拟的演示。袁洁[111]等针对计算机辅助文物虚拟复原中由于破损文物断裂部位边缘受损而引起的轮廓线不能充分表示断裂面几何特征的问题，依据 Morse -Smale 复形理论构建并简化断裂面的几何拓扑图，提出了一种基于断裂面拓扑特征的破碎文物自动拼接算法。实验结果表明，该方法针对断裂部位边缘受损的破碎文物模型可获得较满意的拼接效果。Xiyu Liu[112] 等在单纯复形上给出一类新的膜系统（P 系统），基于该系统提出了一种新的基于网格的聚类技术。通过实例说明了该模型的有效性，并指出该模型可成为传统 P 系统的替代方案。

1.4 本书的研究内容及组织

1.4.1 研究内容

计算智能技术包含多种具有较强自适应能力、鲁棒性好的分支理论和方法，本书中采用应用广泛的神经网络和遗传算法两种计算智能技术用于聚类分析。在研究及分析的基础上构造了聚类分析模型，研究该模型的定义及优化方法的特点和不足，改进或提出相应的解决方法；另外，针对模型在聚类分析中的应用研究并结合离散 Morse 的相关理论和方法，研究离散 Morse 理论在聚类分析中实现的关键技术和方法，并提出基于 Morse 理论的密度聚类分析模型以适应具体应用的需要，并对新提出的聚类分析模型进行推广，使其具有更为普遍的适用性。根据该模型的特点，采用面向对象技术搭建实验平台，以验证所提方法或策略的有效性。

本书主要内容如下：

（1）基于神经网络的模糊聚类模型研究。

第一，针对传统 SOM 网络模型用于聚类分析时竞争层神经元个数须预先指定的缺点，根据需要给出了训练算法动态确定竞争层神经元数目及由此产生新的网络结构的解决方案，提出一种新的 SOM 聚类模型。该模型动态产生网络结构及聚类簇数，并给出模型的训练算法。此算法初始只有一个根节点。在网络训练过程中不断产生新节点。新的节点可在任意位置根据需要自动生成。当训练算法结束时，根据得到的树形结构确定聚类的数目。算法中提出了新的生长阈值公式，根据扩展因子参数调整来控制网络的生长，实现了不同层次的聚类。

第二，算法采用两阶段的训练思想。当算法的生长阶段完成后，利用模糊 C – 聚类的思想，对生长阶段产生的粗聚类结果进行细化，从而使数据的聚类自动显示出来，提高了最终聚类结果的精度和算法的收敛速度。

第三，通过 UCI 数据集来验证该模型的有效性和优越性，并对其聚类的有效性进行对比分析。

（2）基于遗传算法的谱聚类模型研究。

第一，介绍了谱聚类技术及相关概念，对谱聚类算法进行研究及分析。根据数据集在聚类空间上映射成沿着径向线方向分布的特点，使用一种新的样本点到聚类中心点的距离公式，提出一种自动确定聚类数目的谱聚类算法。

第二，为了解决 CLARANS 算法易收敛于局部最优及面对大数据集聚类效率不高的问题，结合遗传算法易于找到全局最优值的特点，将遗传算法和 CLARANS 算法相结合，提出基于 GA 的聚类分析模型，并通过选择合适的适应值函数，达到聚类的目的。

第三，通过人工数据集及 UCI 数据集来验证该模型的有效性和优越性。在人工数据集上通过对比改进的谱聚类算法和传统谱聚类算法的聚类效果，证明了新算法的优越性；在 UCI 数据集上对基于 GA 的谱聚类模型进行验证，通过对比得出新算法高的执行效率及聚类质量。

（3）离散 Morse 理论优化模型的研究。

第一，介绍了离散 Morse 理论的基本原理及相关概念；受离散 Morse 理论中离散梯度向量场这一特点的启发，提出了一种构建离散 Morse 函数求最优解的算法，并证明了构建的函数确实是复形 K 上的离散 Morse 函数，得到问题的最优解或近似最优解，同时构建了一种基于离散 Morse 理论的优化模型，实验的结果证明了该模型的有效性。这是一个全新的尝试。

第二，通过测试函数验证优化模型的有效性和优越性，对优化模型进行结果分析。

第三，把基于离散 Morse 理论的优化模型应用于聚类分析，提出一种基于离散 Morse 优化模型的密度聚类算法。通过核函数产生能量曲面，在剖分后的曲面上应用基于离散 Morse 理论的优化模型进行聚类，聚类后的结果运用层次聚类的思想进行优化，可以通过参数的调整来控制聚类簇的数目，达到聚类效果。

第四，实验在人工数据集及 UCI 数据库中的数据集上进行。证明新算法的可行性及有效性。

本书提出三种改进的基于计算智能技术的聚类模型，总结如下：

第一，提出一种新的动态 SOM 模型。该模型采用新的生长阈值函数，训练算法采用两阶段思想。实验在 UCI 数据集上进行，通过与 SOM 模型、FCM 算法及 TreeGNG 对比验证了该模型的有效性和优越性。

第二，提出一种基于 GA 的自动谱聚类算法 GA - ISC。通过改进的谱聚类算法 ISC - CLARANS 达到自动产生聚类结果的目的，引入 GA 提高 CLARANS 算法的执行效率，实验分别在人工数据集及 UCI 数据集上进行。实验证明 ISC - CLARANS 算法正确、有效。通过 GA - ISC 与 ISC - CLARANS 算法的聚类结果比较，验证了 GA - ISC 算法的高效性。

第三，提出一种基于离散 Morse 理论的优化模型，该模型通过在单纯复形上构造离散 Morse 函数来实现。实验结果证明了该模型的正确性及有效性。

第四，提出一种新的基于离散 Morse 优化的聚类模型。该模型在离散曲面上进行，聚类后的结果运用层次聚类的思想进行优化。实验在人工数据集及 UCI 数据集上进行，通过与 DBSCAN 算法的聚类结果比较，验证了新模型的高效性及优越性。

1.4.2 本书的结构和内容

第 1 章为绪论。从整体上介绍整本书的结构及内容。首先介绍了本书研究的背景及意义；其次，分别阐述了几种代表性聚类算法，研究聚类算法的现状，阐述了 3 种计算智能技术，分析其研究进展；最后给出了本书的研究内容、组织结构。

第 2 章首先介绍了经典的 SOM 网络聚类分析模型。其次，针对 SOM 模型的特点，给出了传统的具有固定结构的自组织特征映射网络在聚类分析中遇到的问题。再次，介绍了一种自顶向下的层次动态增长模型 TreeGNG，借鉴 TreeGNG 网络训练算法中树形结构的构造思想，结合神经网络中两步聚类的方法，提出一种新的动态模糊自组织神经网络聚类模型 DSOM - FCM。最后通过实验结果及分析，验证了 DSOM - FCM 网络模型的有效性。

第 3 章首先介绍了谱聚类技术及相关概念，对经典的谱聚类算法进行相关研究，提出一种自动确定聚类数目的谱聚类算法。实验在人工数据集上对算法进行了验证，证明了算法的有效性。其次，在提出的谱聚类的整体框架下采用 CLARANS 算法进行聚类并对新的谱聚类算法进行了时间复杂度分析。最后，将遗传算法引入采用 CLARANS 算法的谱聚类中，提出一种基于遗传算法的谱聚类方法。实验证明了改进算法在执行效率、收敛速度及聚类质量中有了明显的提高。

第 4 章为本书的创新部分，主要内容为引入一种新的计算智能技术——离散 Morse 理论，提出一种基于该技术的优化模型，并把此模型应用于密度聚类分析。首先，介绍离散结构中单纯复形的相关知识、离散 Morse 理论的原理及相关概念；其次，构造了最优离散 Morse 函数，提出一种优化模型；最后，在此基础上，把该优化模型应用于密度聚类，提出一种基于离散 Morse 优化模型的密度聚类算法，通过在人工数据集及 UCI 数据集上的实验证明该模型的有效性。

第 5 章为总结和进一步的研究方向。

第2章 基于神经网络的聚类算法研究

2.1 引　　言

神经网络技术用于聚类分析起源于 Kohonen 在 1981 年提出的自组织特征映射神经网络（SOM）。SOM 神经网络是一种无监督的聚类方法。该网络可分为输入层和输出层。输出层的神经元互相连接，每个输出神经元连接到所有输入神经元，通过若干个单元竞争当前对象来实现聚类。

虽然 SOM 网络能够模拟人脑的处理过程，输出保持了输入对象的拓扑结构，这有利于在二维或者三维空间中可视化高维数据。但当 SOM 网络应用于聚类分析时，由于该模型本身的缺点及应用环境的变化，在应用过程中主要存在以下问题。

（1）SOM 网络结构的难以确定。

由于传统 SOM 网络模型用于聚类分析时竞争层神经元个数须预先指定，因此大大限制了网络的结构及其收敛速度。当在聚类过程中采用该模型时，由于数据间的聚类关系不确定，若输出层神经元个数 M 过多则会降低学习的速度，增加计算量。若 M 的个数过少，则可能产生粗的聚类结果，把两种或两种以上模式相近的簇归为一类，不能得到期望的聚类结果。因此，多种在训练过程中动态确定网络结构和单元数目的算法应运而生。

（2）具有较高的时间复杂度。

神经元对输入向量的学习规则决定了 SOM 模型用于聚类时的时间复杂度。若对于大规模、聚类簇数较多的数据集采用二维及以上的 SOM 网络模型，则需要的输出层神经元的节点个数较多；若对于高维的数据集进行聚类分析时，则输入层神经元的数目需要增加。因此，对维数较高、聚类簇数多的大数据集采用该模型进行聚类时，会使算法的时间复杂度较高。小波聚类速度较快，时间复杂度是 O(n)。

(3) 输出结果对输入数据序列敏感。

在 SOM 的网络聚类模型中，不同的初始输入序列会产生不同的聚类结果。即该模型输出结果严重依赖于输入数据序列。1994 年，Bezdek 提出一种 FKCN 模型，该模型是一种模糊自组织聚类网络模型。该模型将 SOM 网络结构与 FCM 相结合，将模糊思想用于 SOM 的学习过程。当 FCM 的目标函数最小时 FKCN 算法结束。FKCN 模型解决了输出结果对输入数据序列敏感的问题，并且适合处理模糊性的问题。

(4) 聚类结果精确度难以保证。

神经网络学习是一个模糊处理的过程。SOM 网络不能提供分类后精确的聚类信息。神经网络的学习算法易陷入局部最优，全局最优解难以保证获得。SOM 算法的聚类原理，主要是通过不断缩小获胜神经元的邻域来达到聚类的目的，而此邻域是对离散空间两点的距离的梯度近似。这种近似往往不能保证两点间的距离达到最小，因此，可考虑引进遗传算法对获胜神经元的邻域进行直接优化。

根据上述问题及分析，提出一种新的动态自组织特征映射模型，并给出模型的训练算法。此算法初始只有一个根节点。在网络训练过程中不断产生新节点。新的节点可在任意位置根据需要自动生成。当训练算法结束时，根据得到的树形结构确定聚类的数目。算法中提出一种改进的生长阈值公式，通过在聚类过程及聚类结果中调整扩展因子控制网络的扩展和生长，实现了不同层次的聚类。算法采用两阶段的训练思想。当算法的生长阶段完成后，利用模糊 C－聚类的思想，对生长阶段产生的粗聚类结果进一步细化，从而来提高最终聚类结果的精度和算法的收敛速度。通过 UCI 数据集来验证该模型的有效性和优越性，并对其聚类的有效性进行对比分析。

2.2 基于 SOM 网络的聚类分析模型

1982 年，Kohonen 根据人脑的生物学和心理学的研究成果提出自组织映射理论。基于该理论产生的 SOM 网络能模拟大脑神经系统自组织特征映射的功能，属于无监督的竞争式学习网络。该模型具有较强的自适应学习能力和好的鲁棒性。

当外界输入不同的样本到 SOM 网络时，初始，输入样本引起输出兴奋细胞的位置各不相同，但经过自组织后形成一些细胞群，它们分别反映了输入样本的特征。这些细胞群在二维输出空间是一个平面区域，样本自学习后，在输出神经元层中排列成一张二维的映射图，功能相同的神经元靠得比较近，功能不相同的神经元分得比较开，这个映射过程通过无指导的竞争学习算法来实现，因此称为自组织特征映射。

SOM 属于无监督学习网络。当输入矢量 X 属于两个不同类别时，则相应的输出 y 的值应能够反映输入矢量 X 的特征。如果矢量 X 在矢量空间中具有随机分布，此分布有一个变化最大的方向，则特征就是指大体上是该矢量在此方向上的投影。当 X 属于不同的类时，相应的输出值 y 会有一个明显的差异，则聚类的功能就可完成。如果输入矢量是一个在空间中具有纯均匀分布的随机矢量，则算法失效；只有当输入矢量的分布具有某种特征时，才能通过神经元的自组织学习来发现这些特征，并且用输出函数 y 来描述这种特征。

2.2.1 SOM 网络的拓扑结构及基本原理

基于 SOM 网络的拓扑结构如图 2－1 所示。

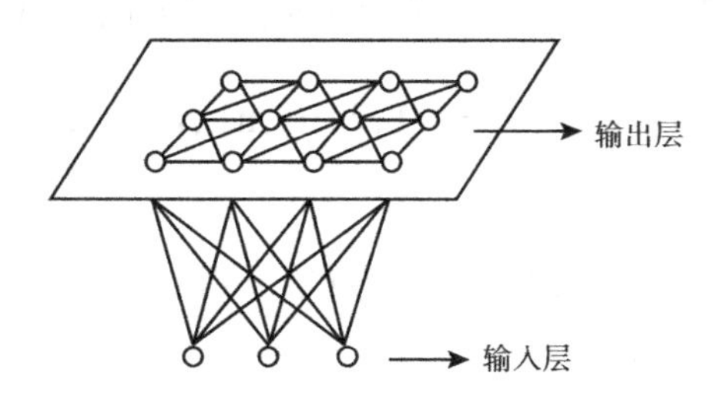

图 2-1　SOM 网络的拓扑结构

该网络可分为输入层和输出层（竞争层）。输出层中的神经元（假设有 m 个）以二维形式排列成一个节点矩阵。若输入向量有 n 个元素，则输入端有 n 个神经元。每个输出神经元通过权值 $W_{ji}(t)$ 连接到所有输入神经元，输出层的神经元互相连接，通过若干个单元竞争不断更新 $W_{ji}(t)$，使得最终每一个邻域 $N_c(t)$ 的所有节点对某种输入具有类似的输出，并且这种聚类的概率分布与输入模式的概率分布相接近。通过这种无监督的学习，稳定后的网络输出就对输入模式形成自然的特征映射，从而达到自动聚类的目的。输出层中神经元的竞争如下：对于获胜的神经元 c，在 $N_c(t)$ 区域内的神经元在不同程度上得到兴奋，在 $N_c(t)$ 区域外的神经元都被抑制。

2.2.2　SOM 网络的训练算法

SOM 网络学习方程包括描述最佳匹配神经元的选择和描述权矢量的自适应变化过程两部分。下面给出训练算法的步骤：

Step1：权连接初始化。令 w_{ij}（$j=1, 2, \cdots, m$；$i=1, 2, \cdots, n$）表示连接输入节点 i 到第 j 个输出节点之间的权值向量，赋值 w_j 为随机小数。令时间 $t=0$。

Step2：对每个输入模式 $X^k=(x_1, x_2, \cdots, x_n)$。

(1) 计算 X^k 与所有输出节点 j 所连权值向量 w_{ij} 的距离:

$$d_j = \sum^{n} (x_i^k - w_{ij})^2, i \in \{1,2,\cdots,n\}, j \in \{1,2,\cdots,m\} \tag{2-1}$$

(2) 具有最小距离的节点 j^* 竞争获胜:

$$d_{j*} = \min_{j \in \{1,2,\cdots,m\}} \{d_j\} \tag{2-2}$$

Step3: 令 $N_j{}^*(t)$ 为获胜单元的邻域。调整 j^* 所连接的权值以及 j^* 几何邻域 $N_{j*}(t)$ 内节点所连权值。更新定律为:

$$\Delta w_{ij} = \eta(t)(x_i^k - w_{ij}), N_j \in NE_{j*}(t), i \in \{1,2,\cdots,n\} \tag{2-3}$$

$0 < \eta(t) < 1$ 为第 t 次的学习率，是一个单调降函数。

Step4: 如还有输入样本，则令 $t = t + 1$，执行 Step2。

根据学习方程，通过对输入模式的反复学习，捕捉各个输入模式中所含的模式特征，并对其进行自组织，在竞争层将聚类结果表示出来，实现自动聚类。

2.3 TreeGNG[113]层次拓扑聚类模型

由于传统 SOM 模型在进行聚类时需要提前指定输出层神经元节点个数 M，因此这种固有的网络结构大大影响了网络生长及其收敛速度。当 SOM 模型用于聚类分析时，需要多次调整参数 M 的取值，通过多次的训练才能最终确定网络结构。由于聚类属于无监督的学习，并且在数据集上的聚类关系未知，因此 M 值无法提前给出，其聚类结果无法确定在哪次训练中得到。针对传统 SOM 网络模型用于聚类分析时竞争层神经元个数需要提前指定以及该模型的固有结构的限制的缺点，人们提出了很多动态产生神经元个数及网络结构的模型：K. A. J. Doherty 等提出的层次拓扑聚类模型 TreeGNG[113]；B. Fritzke 提出的增长细胞结构 GCS[114]；

D. Choi 提出的自创造和自组织的神经网络模型 SCONN[115]；A1ahakoon D. 的动态增长自组织映射模型 GSOM[116]；A. Rauber 等提出的动态增长层次模型 GHSOM[117] 以及杨雅辉等提出的基于增量式的 GHSOM[118]。

TreeGNG 是一种采用自顶向下策略的分裂层次聚类算法。算法见表 2－1。

表 2－1　TreeGNG 聚类算法

```
  Until stopping criterion is satisfied
    For each input
      Run GNG[100] and generate graph structure
      If (number of graphs has increased)
        Identify the tree node X that now points to multiple graphs
        For tree node Y in all ancestors of X
          If (Y Growth－Window is open)
            Create a tree node for each new graph and grow as children of Y
            Remove X
          Else
            Create a tree node for each new graph and grow as children of X
            Open X Growth－Window
          End If
        End For
      Else If (number of graphs has decreased)
          Insert a new tree node as a child of ancestor of the deleted graphs
          Remove the tree nodes associated with the deleted graphs
          Remove singleton tree nodes
      End If
      For tree node X in all tree nodes
          If (X Growth－Window is open) Reduce X Growth－Window
          If (X Growth－Window < 0) Close X Growth－Window
      End For
    End For
End program
```

TreeGNG 的生长机制如图 2－2 所示。

（1）GNG 初始化为两个顶点及连接两个顶点的一条边。树只包含一个根节点 R。（2）随着 GNG 算法的执行，连接顶点之间的边的数目在不断变化：增加及删除。实线表示新生成的边，虚线表示的边被删除。（3）边被删除后图分裂，根节点 R 产生 2 个孩

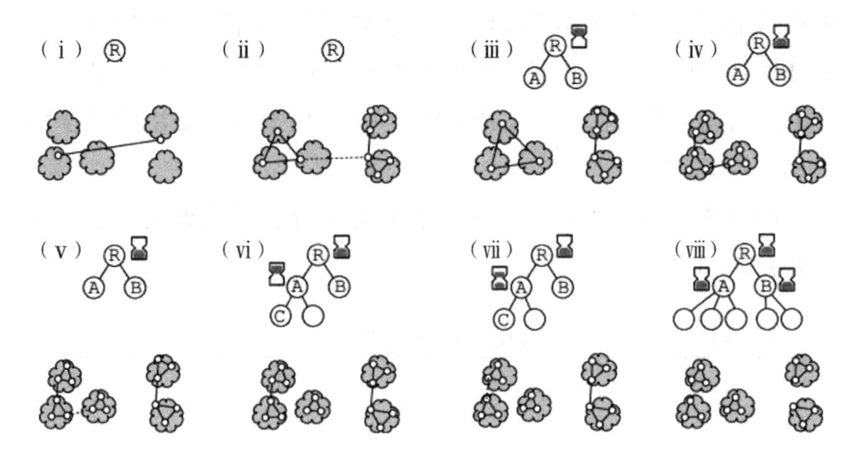

图 2-2 TreeGNG 的生长机制

子节点 A 和 B。R 的增长窗口打开。(4) 随着算法的执行，节点 R 的增长窗口关闭。子图的分裂会导致节点 A 或 B 的孩子节点的产生。(5) 虚线表示的边标记为删除。(6) 删除虚线边后，节点 A 产生了孩子节点。A 的增长窗口打开。(7) 虚线边标记为删除。由于 A 的增长窗口打开，则新的节点作为 A 的孩子节点，即 C 的右兄弟节点；随着算法的进行，B 又增加了两个孩子节点。最终形成 (8) 中树的结构。

TreeGNG 的修剪机制如图 2-3 所示。

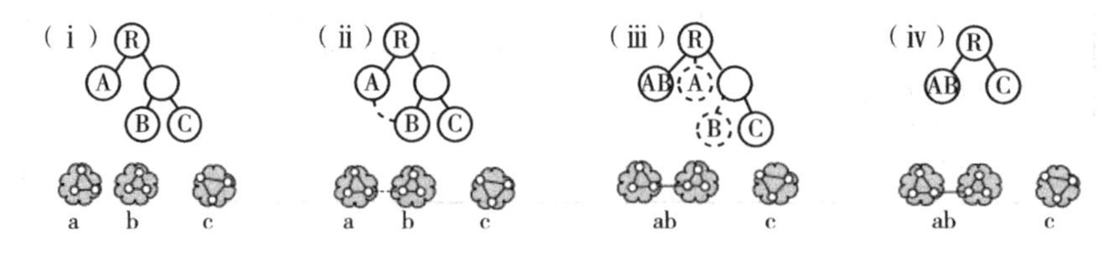

图 2-3 TreeGNG 的修剪机制

此修剪机制显示算法可以调整树的结构，使之从坏的结果中恢复。图的合并不一定对应树中兄弟节点的合并。(1) TreeGNG 形成了差的树结构，B 和 C 成为兄弟节点；(2) 为了保持正确的树形结构，合并 A 与 B 节点；（3）初始的 A 和 B 节点被删除，新生成的节点作为共同祖先节点的孩子节点；（4）合并后的树形结构。

在 TreeGNG 模型中，网络节点的生长与生长窗口（Growth - Window）有关。GW 控制网络的生长。通常 GW 取值在［0，1］之间。GW 与 GNG 图中顶点的插入和边的删除有直接的关系。

在 TreeGNG 模型树形结构中，每个叶节点都是一个独立的 GNG 网络。

2.4　FCM：模糊 C 均值聚类算法

模糊 C 均值聚类算法（FCM）由 Dunn 提出，Bezdek 发展并推广。FCM 算法的思想是根据隶属度值最大原则把数据集划分成多个簇，使得同一个簇中的对象相似性大，不同簇中的数据对象的相似度低。

令输入样本向量集 $X=\{X^1, X^2, \cdots, X^n\}$，其中 $X^i=(x_1^i, x_2^i, \cdots, x_d^i)$，n 表示样本向量总数，每个样本是一个 d 维向量，x_d^i 表示样本 X^i 的第 d 个特征值（分量）。样本向量集 X 的隶属度矩阵 $U_{c\times n}=[u_{ij}]$，u_{ij}表示 X^j 隶属于第 i 个簇的概率，c 表示聚类数目。初始聚类中心为 $Z=\{Z_1(1), Z_2(1), \cdots, Z_c(1)\}$。计算公式如下：

$$u_{ij}=\left(\sum_{k=1}^{c}\left(\frac{\|X^j-Z_i(1)\|}{\|X^j-Z_k(1)\|}\right)^{2/(m-1)}\right)^{-1}(i=1,2,\cdots,c;j=1,2,\cdots,n) \tag{2-4}$$

其中，$m\geqslant 1$ 是加权指数或模糊指数，$\|\cdot\|$表示数据对象与聚类中心的欧氏距离。隶属度 u_{ij}满足下列公式：

$$\sum^{c} u_{ij} = 1, \forall j = 1,2,\cdots,n \tag{2-5}$$

其中，$0 \leqslant u_{ij} \leqslant 1$，$1 \leqslant i \leqslant c$；$1 \leqslant j \leqslant n$。

令 $Z_i(l+1)$ 表示迭代 l 次后第 i 个聚类中心。则 $Z_i(l+1)$ 的计算公式如下：

$$Z_i(l+1) = \frac{\sum_{j=1}^{n} u_{ij}^{m} X^{j}}{\sum_{j=1}^{n} u_{ij}^{m}} \tag{2-6}$$

FCM 算法的目的是找到使目标函数达到最小的隶属度矩阵和聚类中心，目标函数定义如下：

$$J(U,Z) = \sum_{j=1}^{n} \sum_{i=1}^{c} u_{ij}^{m} \| X^{j} - Z_i \|^2 \tag{2-7}$$

FCM 算法求解聚类中心和隶属度的过程是一个不断迭代的过程。下面给出 FCM 算法的步骤：

Step1：初始化。给定聚类数目 c 和聚类中心 $Z = \{Z_1(l), Z_2(l), \cdots, Z_c(l)\}$；阈值 $\varepsilon > 0$；迭代次数 $k = 0$；

Step2：根据式（2－5）计算隶属度矩阵 U；

Step3：根据式（2－6）计算新的聚类中心 $Z' = \{Z_1(l+1), Z_2(l+1), \cdots, Z_c(l+1)\}$；

Step4：根据式（2－7）求目标函数值，若目标函数值是否小于给定的阈值或 $\|Z' - Z\| < \varepsilon$ 则算法结束，否则执行 Step2；

Step5：输出聚类中心和隶属度函数。

模糊聚类算法是一个求解隶属度矩阵，根据隶属度最大原则划分聚类，求解聚类中心，再求隶属度矩阵，不断迭代求解的过程。因此，模糊聚类算法中迭代次数、迭代阈值和隶属度矩阵的求解方法都会对聚类效果产生很大的影响。FCM 算法在涉及事物之间的模糊界限的场合用得比较多。

2.5 DSOM－FCM：一种新的动态模糊自组织神经网络模型

受 TreeGNG 层次拓扑聚类模型和 FCM 算法的启发，提出一种新的 DSOM－FCM（Dynamic Self－Organizing Map－Fuzzy C－Means）模型。该模型是一种动态的模糊自组织神经网络聚类模型。DSOM－FCM 是基于初始只有一个根节点的树形结构模型。在网络训练过程中不断产生新节点。新的节点可在任意位置根据需要自动生成。当训练算法结束时，根据得到的树形结构确定聚类的数目。算法中通过生长阈值中扩展因子 SF 的调整控制网络的扩展和生长，实现了层次聚类；算法采用两阶段的训练思想。当算法的生长阶段完成后，利用模糊 C－均值（FCM）聚类的思想，对生长阶段产生的粗聚类结果做细化处理，从而提高最终聚类结果的精度和算法的收敛速度。

2.5.1 网络结构

DSOM－FCM 是经典 SOM 聚类模型的变体。输入层和竞争层两部分组成了该网络的结构。网络结构如图 2－4 所示。

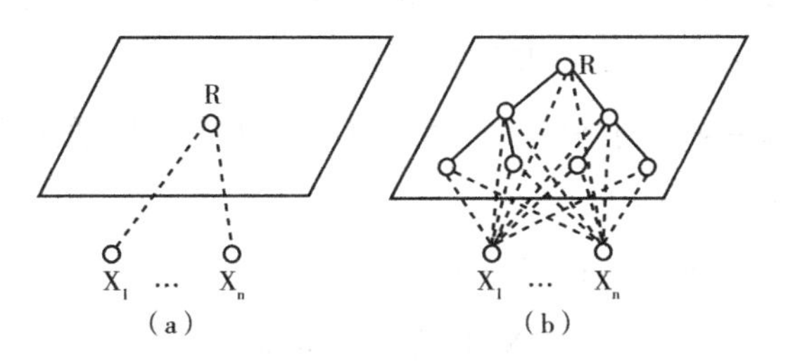

图 2－4　DSOM－FCM 网络结构

与 TreeGNG 的树形结构的初始状态一样，DSOM－FCM 网络结构的初始状态中竞争层只包含一个神经元，即根节点 R，见图 2－4（a）；网络不断扩展和生长；网络生长到 7 个神经元节点时的状态，见图 2－4（b）。此时，这 7 个节点形成一个二维的树形结构，根节点为 R，A、B 分别为 R 的孩子节点。输入层中的 n 个神经元 X_1，X_2，…，X_n 通过权分别与输出层中每个神经元实现了全互连。在生长过程中节点的权值向量采用经典 SOM 的方法进行自组织。

2.5.2 相关定义及概念

［**定义 2－1**］获胜神经元：输入层的任意输入向量 X^k，则称满足下式的节点 N_{j^*} 为 X^k 在竞争层的获胜神经元：

$$d_{j^*} = \min_{j \in \{1,2,\cdots,m\}} \{ \| X^k - \omega_j \| \} \tag{2-8}$$

其中，ω_j 为节点的权值向量，m 为网络节点数，$\|.\|$表示欧氏距离。

［**定义 2－2**］距离误差 E：输入向量 X^k 与其在输出层的获胜节点 N_{j^*} 的距离称为 X^k 与 N_{j^*} 的距离误差 E：

$$E = \| X^k - \omega_{j^*} \| = \sum_{i=1}^{n} (x_i^k - \omega_{ij^*})^2 \tag{2-9}$$

其中，n 为输入向量 X^k 的维数。

［**定义 2－3**］节点 N_j 的邻域：N_j 的邻域是指输出层节点 N_j 及与 N_j 直接相连的各节点集合。

［**定义 2－4**］网络的生长阈值 GT：网络数目通过生长阈值来决定，其公式如下：

$$GT = n \times f(SF) / (1 + 1/num(t)) \tag{2-10}$$

其中，n 为输入向量 X^k 的维数，num(t) 为第 t 次训练时网络的神经元个数。当 num＝1 时，提高了根节点的激活水平；随着

num 的增长，对生长阈值 GT 的影响逐渐减少。SF 为扩展因子，把生长阈值 GT 与扩展因子 SF 结合起来控制网络的生长，既提高了聚类的精确度又实现了层次聚类。

2.5.3 DSOM - FCM 网络训练算法

DSOM - FCM 网络训练算法包括三个阶段：初始化阶段、生长阶段和平滑阶段。下面给出算法的整体框架，如图 2 - 5 所示。

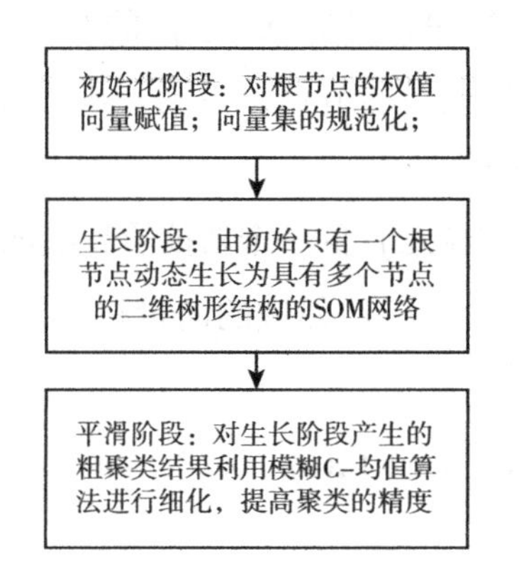

图 2 - 5　DSOM - FCM 网络训练算法框架

DSOM - FCM 的训练算法如下：

Step1：初始化阶段。

(1) 输入向量标准化至［0, 1］区间。对于输入的向量集 $X' = \{X'^1, X'^2, \cdots, X'^k\}$，其中 $X'^i = (x'^i_1, x'^i_2, \cdots, x'^i_d)$，d 为向量 X'^i 的维数。将向量集 X'^i 规范化为 $X^i = (x^i_1, x^i_2, \cdots, x^i_d)$ 至［0, 1］区间，采用最小—最大值规范化，如下：

$$x^i_j = \frac{x'^i_j - \min\limits_{1\leqslant i\leqslant n}(x'^i_j)}{\max\limits_{1\leqslant i\leqslant n}(x'^i_j) - \min\limits_{1\leqslant i\leqslant n}(x'^i_j)}(\text{newmax}_j - \text{newmin}_j) + \text{newmin}_j,$$

$$1\leqslant i\leqslant n, 1\leqslant j\leqslant d \tag{2-11}$$

其中，x'^{i}_{j} 表示输入向量 i 的原第 j 个分量值，x^{i}_{j} 表示规范化得到的分量值，[$newmin_j$，$newmax_j$] 表示第 j 个分量值规范化后落入的区间，区间为 [0，1]。

（2）对根节点 R 在 [0，1] 区间赋随机初始权向量。

（3）按照用户需求计算输入向量集的生长阈值 GT。

Step2：生长阶段。

（1）在规范化样本向量集 X 中随机取训练样本 X^i。

（2）按照式（2-8）求得 X^i 在输出层的获胜神经元 j^*。

（3）根据式（2-9）计算 X^i 与 j^* 的距离误差 E_i；如果 $E_i >$ GT，则执行（4）生成新的节点；否则，执行（5）调整获胜神经元 j^* 邻域的向量权值。

（4）生成获胜神经元 j^* 的一个新孩子节点 child，令 $\omega_{child} = X^i$。

（5）调整获胜神经元 j^* 邻域的向量权值。方法如下：

$$W_j(k+1) = \begin{cases} w_j(k) & j \notin N_{k+1} \\ w_j(k) + LR(k) \times (X^k - w_j(k)) & j \in N_{k+1} \end{cases} \tag{2-12}$$

其中，LR(k) 为学习率，$LR(k+1) = LR(k) \times \alpha$；$0 < \alpha < 1$ 为 LR 的调节因子；当 $k \to \infty$，则 $LR \to 0$；$w_j(k)$、$w_j(k+1)$ 分别表示节点 j 调整前和调整后的权值；N_{k+1} 表示第 k+1 次训练获胜神经元 j^* 的邻域。

（6）重复（1）~（5），直至 X 中全部样本训练完毕。

（7）重复 Step2 进入下一个训练周期。直到网络中不再有节点生成为止。

（8）输出聚类数目 c 和聚类中心 $Z = \{Z_1, Z_2, \cdots, Z_c\}$。

Step3：平滑阶段。

设定选择阈值 ε，初始迭代次数 k=0；本阶段将 Step2 的输出结果作为模糊 C-均值算法的初始输入进行迭代计算，直至收敛；

算法结束，输出聚类最终结果。

2.5.4 参数选择及相关分析

DSOM－FCM受TreeGNG启发，采用树形结构，可在任意位置随时生成节点。新生成的网络结构受GT的影响：若GT取值较大，则新的网络结构可快速生成，网络的节点较少，可产生粗略的聚类结果；若GT取值较小，则新的网络包含大量的节点，产生精确的聚类结果，但需要较长的收敛时间，时间复杂度较高。

网络生长满足的条件为：$E>GT$。根据误差距离E的定义，且$0\leqslant x_i^k\leqslant 1$，$0\leqslant \omega_{ij^*}\leqslant 1$，则$0\leqslant GT<n$（n为输入向量的维数）。由以上分析可看出，GT参数值的设定与输入向量的维数有关。这一缺点导致在训练不同维数数据样本集或同一样本集的不同属性时需要频繁修改GT的值，给实验带来了不便。由于GT只与训练样本的维数n有关，因此GT取值的大小不能反映聚类精度。在GT定义中引入扩展因子SF可有效解决这一问题。

定义f(SF)：

$$f(SF)=\frac{1-e^{-(1-SF)}}{1+e^{-(1-SF)}}=\frac{2}{1+e^{-(1-SF)}}-1 \tag{2-13}$$

由此可得GT定义：

$$GT=\frac{n(1-e^{-(1-SF)})}{(1+1/num(t))(1+e^{-(1-SF)})},\ (0<SF<1) \tag{2-14}$$

其中num(t)为第t次训练时网络的节点总数。当$num=1$时生长阈值做折半处理，提高了根节点的激活水平；随着num的增长，f(SF)逐渐饱和，对生长阈值的影响逐渐减少，GT趋于稳定。当SF取较小的值时，对应GT得到一个较大的值，可得到一个粗糙的聚类结果，实现低层次的聚类；当SF取较大的值时，对应GT得到一个较小的值，可得到一个精细的聚类结果，实现高层次的聚类。

SF 的取值范围为（0，1），可在此范围取任意值。为得到满足的聚类结果，通过反复实验，SF 值的选取在［0.3，0.7］的范围内会得到较满意的效果。当 SF 的取值在 0.3 左右时，会得到粗略的聚类结果即一次聚类；然后可根据需要在此基础上对部分兴趣度高的数据进行二次聚类，也可应用于全部数据，从而得到精确度较高的聚类结果；此时需要设定较高 SF 的值，取值可在 0.7 左右。利用上述方法，不断调整 SF 的取值，可得到不同层次的聚类结果。图 2－6 给出了层次聚类的原理。

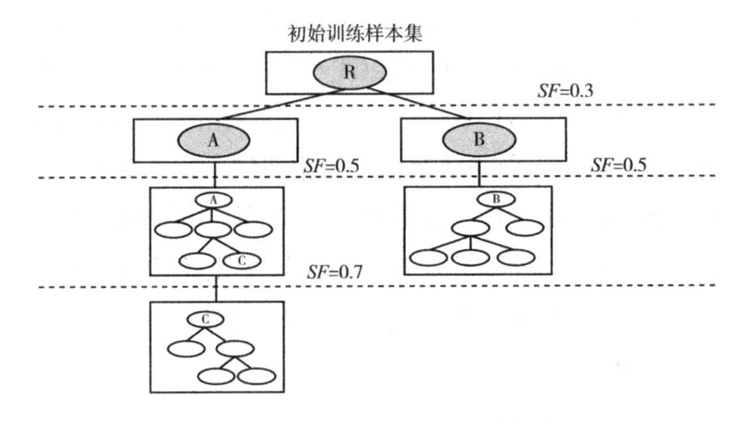

图 2－6　SF 取不同值时的层次聚类

在聚类的过程中，对数据的不同属性集进行训练时，采用相同的 SF 取值。根据对聚类结果的比较，可看出数据中的哪些属性对数据的聚类起关键性的作用，哪些属性对数据的聚类结果影响不大，从而可以降低训练样本的维数，减少计算量，提高算法的执行效率。

2.5.5　实验结果与分析

算法采用 UCI 数据库中 Iris 数据集进行仿真实验。Iris 是一个 4 维数据集，包含 150 个样本点。样本点分为 3 类（setosa，versicolor，virginica），每类有 150 个数据。每个样本点由 4 个属性组成。数据分布呈现不规则形状的聚类，Setosa 类线性独立于其他的两个类，而 versicolor、virginica 类样本点在其属性空间中交叉重叠。

实验采用 Iris 数据集全部 4 个属性。为了便于分析及讨论聚类结果，Iris 的每个分类属性 Setosa、versicolor、virginica 分别取值为 1、2、3，代表不同的类别；并分别给每条数据进行了编号，编号的方法：对 Setosa 类中的数据依次编号 1 ~ 50，对 versicolor 类中数据依次编号 51 ~ 100，对 virginica 类中的数据依次编号 101 ~ 150。选取了部分数据属性及其属性的取值、编号，格式如表 2 – 2 所示。

表 2 – 2　　Iris 数据集属性编号及取值

NO.	Name	NameNO	Spepal length	Spepal width	Petal length	Petal width
1	Setosa	1	5.1	3.5	1.4	0.2
2	Setosa	1	4.9	3.0	1.4	0.2
……	……	……	……	……	……	……
51	versicolor	2	7.0	3.2	4.7	1.4
52	versicolor	2	6.4	3.2	4.5	1.5
……	……	……	……	……	……	……
101	virginica	3	6.3	3.3	6.0	2.5
102	virginica	3	5.8	2.7	5.1	1.9
……	……	……	……	……	……	……

为了便于讨论及对结果的描述，分别从 Iris 数据集的 Setosa、versicolor、virginica 类中取前 15 个数据，组成 45 个数据的集合。SF 取 0.35，得到的实验结果如图 2 – 7 所示。

图中的聚类结果可表示为：

Cluster1：{1，2，3，4，5，6，7，8，9，10，11，12，13，

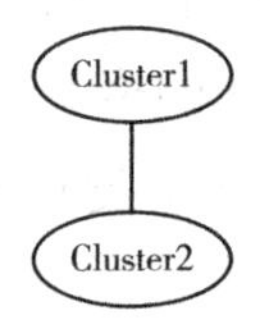

图 2-7　SF=0.35 的聚类结果

14，15｝；

Cluster2：｛51，52，53，54，55，56，57，58，59，60，61，62，63，64，65，101，102，103，104，105，106，107，108，109，110，111，112，113，114，115｝。

从聚类的结果可看出，由于 SF 取值很低，数据被成功地分成了两类。根据我们对 45 组数据的选取方法可知，数据共有 3 大类。DSOM-FCM 能够对数据进行粗略的聚类，并成功地发现了其中的一个聚类。由于选取的数据及初始 SF 的设置都比较合适，因此，聚类的准确性比较高。

本实验选取的样本点较少，只需要 2 个训练周期，执行时间约为 0.23 秒。而文献［113］中的 TreeGNG 算法则需要 0.56 秒的执行时间才能得到相似的聚类结果。在 TreeGNG 的训练过程中需要反复在 GNG 图中进行顶点的插入和边的删除操作，其执行的效率较低。而且编号为 58 的数据被错误地聚类到了另一个簇中。因此，DSOM-FCM 的执行效率与 TreeGNG 相比有了很大的提高，而且精度上也有了提高。随着 SF 参数的不断增大，DSOM-FCM 在执行时间及聚类精度上相应地都会提高。而 TreeGNG 算法的执行时间增长更快。

为了验证我们的结论，现在把 SF 的值提高到 0.46。其聚类的结果如图 2-8 所示。

Cluster1：｛1，2，3，4，5，6，7，8，9，10，11，12，13，14，15｝；

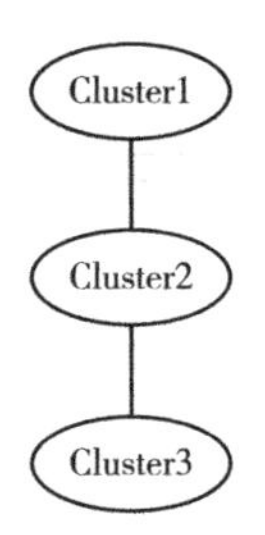

图2－8　SF＝0.46聚类结果

Cluster2：{52，53，54，55，56，57，58，59，60，61，62，63，64，65，107，114，115}；

Cluster3：{51，101，102，103，104，105，106，108，109，110，111，112，113}。

从以上的聚类结果可以看出45组数据被分成了3个簇。其中Cluster2和Cluster3中的数据基本聚类成功，由于两个簇中的数据点交叉分布，导致两个簇中的样本点没有完全聚类成功。如第114号和第115号数据应属于Cluster3，但被错误地划分到了Cluster2中，而第51号数据本应属于Cluster2，却被错误地划分到了Cluster3中。当然，部分样本点聚类的正确率与样本的选取有关。

从上述聚类的结果看，是把原来的第二个簇中的对象进行了细化，分成了两个簇。由此，我们也可在SF＝0.35时聚类的结果中，对第二个簇中的聚类结果选取SF＝0.5进行细化聚类，从而通过SF实现了数据的层次聚类。形成的聚类结果的树形结构如图2－9所示。

图2－9中Cluster2和Cluster3同属于一个父节点，说明两个簇中的数据间距离比较近。Cluster1和Cluster2、Cluster3的距离比较远，位于不同的层。由上述实验可见SF成功地实现了数据的层次聚类。

从改变SF的取值得到的聚类结果来看，SF能够成功地控制

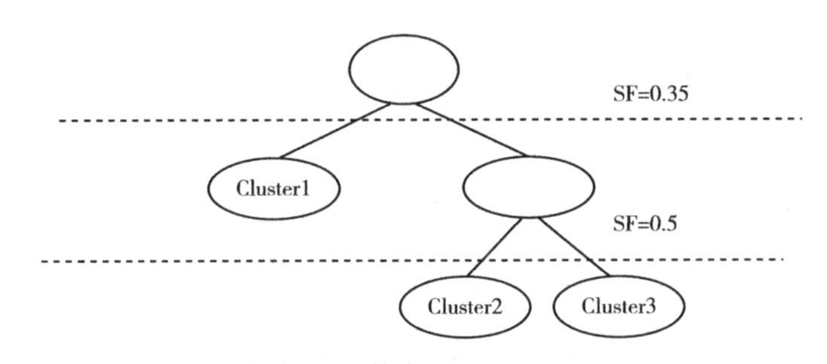

图 2－9　聚类结果的树形结构

网络的生长，在后期的平滑阶段加入 FCM 对聚类结果进行细化，提高了聚类的准确性及精度。为了更直观地对比 DSOM－FCM 与 DSOM 及 TreeGNG 在聚类效果及聚类时间上的差异，实验在整个 Iris 数据集上进行。当算法产生相同的聚类节点数时，其聚类效果的比较如表 2－3 所示。

表 2－3　　算法比较结果

参数	DSOM－FCM	DSOM	TreeGNG
GW＝0. 5；T_{max}＝10	SF＝0. 5	SF＝0. 5	T_{max}＝10
形成的聚类数	c＝3	c＝3	c＝3
错误数	8	11	12
错误率	5. 3%	7. 3%	8%
迭代次数	4	6	6
所用时间（s）	0. 51	1. 05	1. 321

DFOM－FCM 模型是传统 SOM 模型的变异，其网络结构在训练中动态生成，克服了传统 SOM 模型需要人工输入网络节点数目的限制，增强了模型的灵活性。在后期的训练过程中加入 FCM 聚类算法提高了聚类结果的正确率及精度。由表 2－3 可以看出，聚类结果的错误率由 7. 3% 降低至 5. 3%；改进了生长函数，所需训练的周期减少，提高了算法的训练效率。用 SF 来控制网络节点的

生长，成功地实现了数据的层次聚类。TreeGNG 算法中无论在执行效率还是训练精度上都要略差于 DSOM - FCM 及平滑阶段未采用 FCM 的 DSOM 算法，尤其对大的样本集，TreeGNG 的执行效率更低。这是因为 TreeGNG 算法中各个参数之间的关系不明确且参数需要不断的调整。

2.6　本章小结

本章从 SOM 模型在聚类分析中应用的角度考虑，阐述了传统的 SOM 网络聚类分析模型，给出了 SOM 网络模型的特点，研究及分析了 SOM 网络用于聚类分析时竞争层神经元个数需要提前给出及网络结构的固定化等问题。本章介绍了一种动态层次拓扑结构的聚类分析模型——TreeGNG 动态网络聚类分析模型。该模型是一种有效解决具有固定结构的 SOM 模型的动态网络聚类模型。该模型在初期阶段，并不成熟，仅在小型的人工数据集中进行了实验，并未真正应用到实际问题中。本书借鉴了 TreeGNG 网络训练算法中树形结构的构造思想，给出了训练算法动态确定竞争层神经元数目及由此产生新的网络结构的解决方案，结合神经网络中两步聚类的方法，提出一种新的动态模糊自组织神经网络聚类模型 DSOM - FCM（dynamic self - organizing map - fuzzy C - means）。DSOM - FCM 是一种基于初始只有一个根节点的树形结构模型。在网络训练过程中不断产生新节点。新的节点可在任意位置根据需要自动生成。当训练算法结束时，根据得到的树形结构确定聚类的数目。算法中提出了新的生长阈值公式，通过在一定范围内不断增大扩展因子 SF 的取值，可实现不同层次的聚类；当算法的生长阶段完成后，利用模糊 C - 均值（FCM）聚类的思想，对生长阶段产生的粗聚类结果做细化处理，从而提高最终聚类结果的精度和算法的收敛速度。最后，在 DSOM - FCM 动态聚类网络中，通过调整生长因子 SF 取值进行聚类，大大降低了算法的训练时间、训练次数，提高聚类的能力及聚类结果的精度。通过实验验证，DSOM - FCM 准确性及训练时间要优于平滑阶段未采用 FCM 的 DSOM 网络及 TreeGNG 网络，从而验证了提出的 DSOM - FCM 模型有效。

计算智能算法的聚类模型及应用

Chapter 3

第3章 基于遗传优化的谱聚类算法研究

3.1 引　　言

随着聚类分析应用领域的不断扩展，大数据量、高维数据的聚类问题已成为当前聚类分析研究的重点。传统的聚类算法对样本空间有一定的要求，针对 K－Medoid 算法不能有效聚类大数据集和高维数据以及不适合发现非凸面形状的簇且易陷入局部最优解，谱聚类算法应运而生。近年来，谱聚类已成为解决聚类问题的强有力工具，广泛应用于图像分割、语音识别、集成电路设计、负载均衡、生物信息、文本分类等。

谱聚类的思想来自谱图理论。其本质上是将聚类问题转化为图的最优划分问题。划分准则使得划分后的子图内部相似度最大，子图之间的相似度最小。该算法的基本步骤是：根据给定的样本点构造相似度矩阵；通过计算矩阵的前 k 个最大（或最小）特征值对应的特征向量构建聚类空间；利用传统的聚类算法在特征向量空间中进行聚类，得到期望的聚类结果。其思想是：将离散的聚类问题松弛为连续的特征向量，最小或最大的特征向量对应着图的最优划分；然后再将松弛化的问题离散化，从而得到聚类结果。此方法可降低图的拉普拉斯矩阵的谱分解问题，非常简单，理论上也是可行的。但是这种方法对于包含多个特征向量时这种连续松弛方法有时会产生错误的聚类结果。

AndrewY. Ng 等[119]提出了另一种观点：完全不考虑图的划分问题，推广到任意的聚类结果。计算拉普拉斯矩阵的 K 个特征向量，并对其进行单位正交化，在形成的 K－维聚类单位空间进行聚类来产生给定数目的簇，从而得到最终的聚类结果。GuidoSanguinetti[120]对拉式矩阵的特征值和特征向量进行了分析，提出一种改进的谱聚类算法。我们借鉴 GuidoSanguinetti 的思想，根据正定的亲和矩阵具有其特征向量的行沿着径向线聚类的特点，在 K－means 算法中改变样本点与中心距离的计算公式，对径向方向的距离减权，而在偏离径向方向的距离加权，来检测给定的聚类数目是否小于实际样本点呈现的簇数，提出一种基于 CLARANS 的自动确定簇数目的谱聚类算法。实验在人工数据集和 UCI 数据集中进行，结果证明提出的方法可行，取得了很好的效果。

由于 CLARANS 采用随机重启局部搜索的策略，在搜索空间中布满了局部最优解的“陷阱”，使得算法易陷入局部最优解；CLARANS 算法每次只搜索一个邻居节点，造成了该算法对大规模数据集效率不高。该问题在上述的谱聚类算法中依然没有改变，因此，为减少搜索算法陷入局部最优解的概率，提高算法的收敛速度和聚类结果的质量，考虑将具有全局搜索能力和隐并行性特点的遗传算法引入 CLARANS 算法中，提出一种基于遗传算法的谱聚类方法，尝试在新生成的聚类空间中进行聚类，达到期望的结果。

3.2　谱聚类算法的介绍

图聚类技术难点主要体现在算法的计算复杂度、高维数据的处理，因此提出一种基于谱技术的聚类的方法。

谱聚类算法是在样本数据构造的相似矩阵进行特征分解后得到的特征向量以传统的任何聚类算法如 K－means 等聚类，得到期望的聚类结果。相似矩阵则是将每个样本点看成是图中的一个顶点 V，数据点之间的相似度由两点之间边 E 的权值 W 来构成。因此相似矩阵是一个有权无向图 G＝(V，E)。样本点的聚类问题就转化成图 G 的最优划分问题。

3.2.1 图的基本知识及几种常见的图的介绍

通过两点之间的相似度或距离公式把样本点 $X=\{x_i \mid i=1, 2, \cdots, N\}$ 转化成图的关键是在两点之间建立局部邻域关系。下面给出几种常用的有权无向图。

（1）Delaunay 图和 Voronoi 图。

Delaunay 图和 Voronoi 图是分析研究区域离散数据的有力工具。Delaunay 图和 Voronoi 图互为对偶图。有很多的算法如分治算法[121]、逐点插入算法、三角网生长法[122]等产生三角剖分。

Delaunay 图的定义：假定 $X=(x_1, x_2, \cdots, x_N)$ 是 R^d 空间的一个数据集。首先给出 Delaunay 边的定义，假设边 $e \in E$（端点为 a，b），若 e 满足：存在一个圆经过中的 a、b 两点，圆内（圆上最多三点共圆）不含数据集 X 中任何其他的点（这个特性又称空圆特性），则称 e 为 Delaunay 边。如果数据集 X 的一个三角剖分只包含 Delaunay 边，那么称该三角剖分为 Delaunay 三角剖分。一系列相连但不重叠的三角形所形成的三角网称为 Delaunay 图。Delaunay 图的外边界是一个凸多边形，称为凸包。它是由连接 X 的凸集形成的。

Delaunay 图有两个重要的特性：

特性 1：空圆特性。Delaunay 三角网是唯一的，即任意四点不能共圆。

特性 2：最大化最小角特性。在数据集 $X=(x_1, x_2, \cdots, x_N)$ 可能形成的三角剖分中，Delaunay 三角剖分所形成的三角形的最小角最大。从这个意义上讲，Delaunay 三角网是“最接近于规则化的”的三角网。即指在两个相邻的三角形构成凸四边形的对角线，在相互交换后，六个内角的最小角不再增大。

特性1和特性2保证了Delaunay图的唯一性，且新增、删除、移动某个顶点时只会影响邻近的三角形。

在构造Delaunay图的过程中，有可能出现当前加入的数据点与其他三个数据点共圆，即出现四点共圆的情况，这时可采用Lawson提出的局部优化算法——LOP来解决。方法如下：第一，将两个具有共同边的三角形合成一个多边形；第二，以最大空圆准则作检查，看其第四个顶点是否在三角形的外接圆之内；第三，如果在，则对调对角线完成局部优化。

Voronoi图定义如下：相邻的Delaunay三角形是指有公共边的Delaunay三角形，Voronoi图由连接所有相邻的Delaunay三角形的生长中心所形成的多边形共同组成。设$d(x_i, x_j)$表示x_ix_j之间的距离，且x_i表示空间中的数据点，o_i表示生长中心，则V图中多边形i的点集满足：$V_i = \{o_j \mid d(x_i, o_j) < \min d(x_i, o_k), j \neq k\}$。

图3-1分别给定具有15个人工样本集的Delaunay图和Voronoi图。

（2）最小生成树MST。

在一个含有N个顶点的数据集$X = (x_1, x_2, \cdots, x_N) \in R^d$中构造连通图，连接两个顶点的边e的数目最多有$\frac{1}{2}n(n-1)$条。

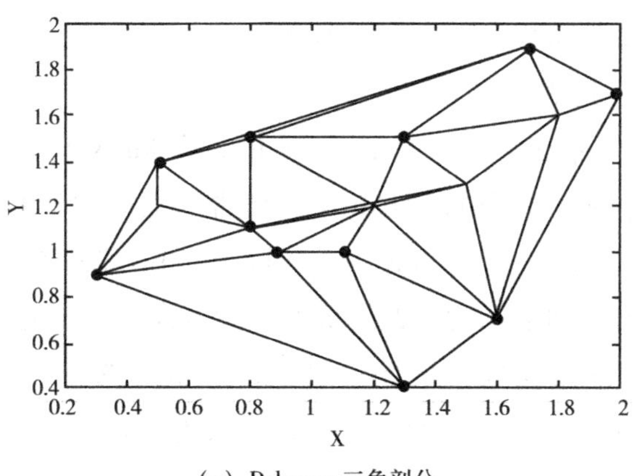

（a）Delaunay三角剖分

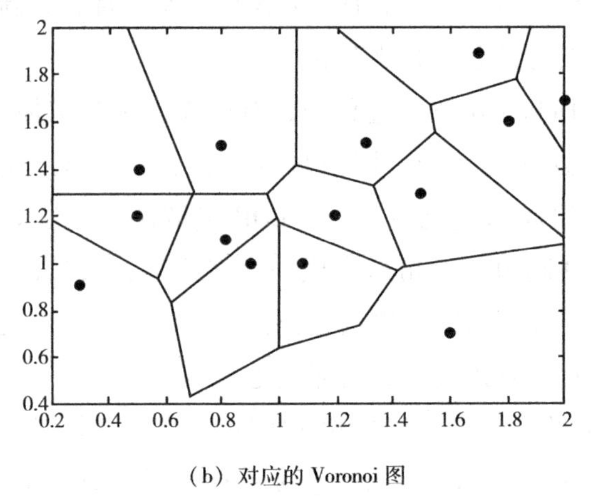

（b）对应的 Voronoi 图

图 3－1 Delaunay 图和 Voronoi 图

一个连通图的生成树含有数据集 X 中的全部顶点 N，但是只有足以构成一棵树的 N－1 条边，不存在回路。对于具有 N 个顶点的连通图可以建立许多不同的生成树。如果两个顶点 x_i、x_j 构成的边上存在权值 W(i，j)，则生成树的代价为 $cost = \sum_{e=1}^{N-1} W(i,j)$，而最小生成树就是代价 cost 最小的生成树。最小生成树可以通过 Prim 或者 Kruskal 算法构造。需要注意的是，在构造的过程中可能会产生多棵最小生成树，但是其最小代价之和应该相同。

图 3－2 显示样本点产生的 MST。

（3）k－近邻图。

给定样本集 $X = (x_1, \cdots, x_N) \in R^d$，令 $kn(x_i)$ 表示样本集 X 中样本点 x_i 的 k 近邻域，即 $kn(x_i)$ 包含围绕 x_i 的 k 个点。如果 x_j 位于 $kn(x_i)$ 内且 $i \neq j$（可记为 $x_j = kn(x_i)$），则存在一条弧 $< x_i, x_j > \in E(kn)$，可表示为由此形成的图为有向图。可通过以下两种方法把有向图转变成无向图：第一，忽略边的方向。如果 $x_j = kn(x_i)$ 或者 $x_i = kn(x_j)$ 都表示存在一条边 $(x_i, x_j) \in E(kn)$，即 $(x_i, x_j) \in E(kn) \Leftrightarrow x_j = kn(x_i)$ 或 $x_i = kn(x_j)$，由此产生的图称为

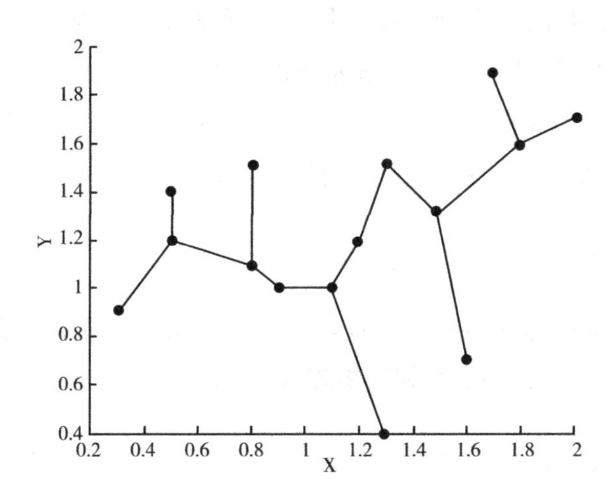

图3-2 基于15个数据点的MST

k-近邻图。第二，如果 x_j 位于 $kn(x_i)$ 内，同时 x_i 位于 $kn(x_j)$，则存在一条边 $(x_i, x_j) \in E(kn)$，即 $(x_i, x_j) \in E(kn) \Leftrightarrow x_j = kn(x_i)$ 且 $x_i = kn(x_j)$，由此生成的图互为k-近邻图。

（4）完全图。

在一个具有N个顶点的样本集 $X = (x_1, \cdots, x_N) \in R^d$ 中构造含有 $\frac{1}{2}n(n-1)$ 条边的连通图，图中的边的权值表示为 W_{ij}。因为构造的图要能够表示顶点的局部邻域关系，所以这类图的构建需要表示权值的函数能够建立局部邻域，通常采用高斯衰减函数来表示顶点之间边的权值 $W_{ij} = \exp(-\|x_i - x_j\|^2/2\sigma^2)$。其中 σ 表示窗宽。

前面介绍的图都可以用于谱聚类算法中，而且选择何种图并不会影响聚类的结果，可视具体问题选择合适的图。

3.2.2 图的矩阵表示

不同的图可以用不同的矩阵表示，同一个图也可以由不同的矩阵表示；对同一个问题用不同的矩阵表示会产生不同的效果。下面给出本书中用到的几种表示图的矩阵。

(1) 二值邻接矩阵。图 G = (V, E)，其中 V 是点集，$E = v_i \times v_j$ 是边的集合。图的二值邻接矩阵 A 可以表示为：

$$A(i,j) = \begin{cases} 1 & (i,j) \in E \\ 0 & (i,j) \notin E \end{cases} \tag{3-1}$$

(2) 加权邻接矩阵。图 G = (V, E)，如图中两点之间的距离表示为 d(i, j)，则加权邻接矩阵 A 表示为：

$$A(i,j) = \begin{cases} (\text{加权函数}) * \exp\left(\dfrac{-d(i,j)^2}{\sigma^2}\right) & (i,j) \in E \\ 0 & (i,j) \notin E \end{cases} \tag{3-2}$$

(3) 非归一化拉普拉斯矩阵。图 G = (V, E)，A 为 G 的邻接矩阵，D(i, j) 为图 G 的度矩阵，则拉普拉斯矩阵可表示为：

$$L(i,j) = D(i,j) - A(i,j) \tag{3-3}$$

其中，$D(i,i) = \sum_{j=1}^{n} A(i,j)$ 是一个对角矩阵，对角线上的值为矩阵 A 的行值之和，其余值为 0。

(4) 归一化拉普拉斯矩阵。图 G = (V, E)，A 为 G 的邻接矩阵，D(i, j) 为图 G 的度矩阵，则归一化拉普拉斯矩阵可表示为：

$$L = D^{-\frac{1}{2}} L D^{-\frac{1}{2}} = I - D^{-\frac{1}{2}} A D^{-\frac{1}{2}} \tag{3-4}$$

其中，D 为度矩阵，I 为 $n \times n$ 单位矩阵（对角线上的值为 1，其余值为 0）。

邻接矩阵和拉普拉斯矩阵都具有共同的性质：沿对角线对称。对称性大大简化了矩阵的特征分解，减少了计算时间。各样本点的度可由对应的二值邻接矩阵的行或列的和来表示，可以很容易看出该样本点与其他样本点的连接情况；加权邻接矩阵除了具有对称性的特征之外，其两点之间的权值反映了样本点两两之间的距离以及远近关系；同时拉式矩阵特征值的非负性也为后面谱聚类算法的应用奠定了理论基础。

3.2.3 图谱的基本概念及性质

一个矩阵可以表示一个线性空间，这个空间的坐标系可通过矩阵的全部特征向量来表示，其对应的特征值则表示在各个坐标系上的投影权值，即，越大的值就越可以代表这个空间，它的特征就会越强，而小的值就成了隐形特征。因此，我们可以选取特征值最大的K个特征向量组成一个矩阵，把此线性空间分解成K维的子空间，在此子空间上进行聚类算法，从而达到降维和特征显示的目的。

下面给出图谱的基本概念及定义。

$G=(V, E)$ 表示图，点集 $V=(v_1, v_2, \cdots, v_n)$，$E=v_i \times v_j$ 表示边的集合。对每个点 $v_i \in V$，d_i 表示顶点 v_i 的度。用 $A(G)$ 表示图 $G=(V, E)$ 的邻接矩阵。

[**定义3-1**] 邻接矩阵 $A(G)$ 的特征值称为图 $G=(V, E)$ 的特征值。

[**定义3-2**] 图G的n个特征值 $\lambda_i(i=1, 2, \cdots, n)$ 的序列称为图G的谱。

图谱指对应矩阵A的特征值，这是图的不变量。采用谱技术来描述图的结构。对谱属性的研究不仅适用于有向图和无向图，同时也适用于无权图和加权图。最早的关于代数图论的研究有：Fiedler得出了图的连通性的代数判断依据，即根据拉氏矩阵的第二小特征值是否为零可以判断图是否连通，与第二小特征值对应的特征向量后来被命名为Fiedler向量，它包含二分一个图所需要的指示信息。

在图G中，$A(G)$ 是图 $G=(V, E)$ 的邻接矩阵，$D(G)$ 表示G的度矩阵，则非归一化的拉普拉斯矩阵可表示为 $L(G)=$

D(G) - A(G)。现给出如下定义：

[定义 3-3] 拉普拉斯矩阵 L(G) 的特征值称为图 G 的拉普拉斯特征值。记 L(G) 特征值为 $\lambda_1(G) \geqslant \lambda_2(G) \geqslant \cdots \geqslant \lambda_n(G) = 0$。拉普拉斯特征值是非负数，L(G) 的最小特征值为 0。

3.2.4 谱聚类算法的研究

谱聚类（Specctral Clustering）是一种基于图论的聚类方法，这类聚类只需要样本集的相似矩阵就可以。其实质就是将样本点的聚类问题转化成图 G 的最优划分问题。基于图论的最优划分准则——将带权无向图划分为两个或两个以上的子图，使子图内部相似度最大，子图之间的相似度最小。划分准则的好坏直接影响到聚类结果的优劣。常见的划分准则包括：Minimum cut[123]，Normalized cut[124]，Ratio cut[125]，Average cut[126]，Min - max cut[127]，Multiway Normalized cut[128] 等。通常对于图的划分主要有两种基本思想：图的二分割和图的 k 分割。对图的最优化问题是 NP - 难问题，通常解决的方法是采用谱方法将该优化问题松弛化为连续实数值，然后将松弛化的问题再离散化，即可得到相应的聚类结果。

根据图的划分准则，以拉普拉斯矩阵是否规范化为依据，存在以下两类谱聚类算法，如图 3-3 所示。

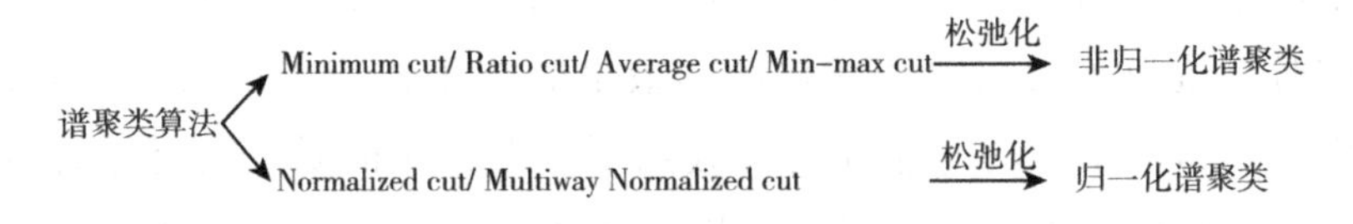

图 3-3 谱聚类算法分类

我们以 Ng 提出的算法为例进行分析。下面给出以下几个定义：

[定义 3-4] 相似度矩阵（亲和矩阵）A。这是一个 N × N 的

矩阵，用来表示一个图中顶点的连接情况。根据矩阵中值表示的意义，同一个图也可用不同矩阵表示。

Ng 等通过高斯核函数产生图中两两顶点之间的距离，用两两顶点之间的距离来表示矩阵中的值，产生相似矩阵。

[定义 3-5] 度矩阵 D。D 是一个对角矩阵，对角线上的值为矩阵 A 的行值之和。即 $D(i,i) = \sum_{j=1}^{n} A(i,j)$，其余值为 0。

[定义 3-6] 拉普拉斯矩阵 L。我们采用归一化拉普拉斯矩阵的表示形式，其中 $L = D^{-\frac{1}{2}}AD^{-\frac{1}{2}}$。

Algorithm1　Ng 等提出的谱聚类算法如表 3-1 所示。

表 3-1　经典谱聚类算法

输入：数据集 $X = \{x_1, x_2, \cdots, x_N\} \subseteq R^{N \times d}$，簇的数目 k。
Step1 通过高斯衰减函数构造相似矩阵 $A_{ij} = \exp(-\lVert x_i - x_j \rVert^2/(2\sigma^2))$；
Step2 计算归一化拉式矩阵 $L = D^{-\frac{1}{2}}AD^{-\frac{1}{2}}$；
Step3 计算 L 的前 k 个特征值最大的特征向量 $y'_1, \cdots, y'_k$，并把这些特征向量作为列组成矩阵 $Y' \in R^{N \times k}$，对 Y'中的行向量进行单位化 $y_{ij} = y'_{ij}/(\sum_k y'^2_{ik})^{1/2}$，形成矩阵 $Y \in R^{N \times k}$；
Step4 矩阵 Y 中每一行 $i = 1, \cdots, N$ 中的元素组成一个向量 $t_i \in R^k$，在点集 $T = \{t_i \mid i = 1, \cdots, N\}$ 上执行 K-means 算法，得到最终的聚类结果 $C_1, \cdots, C_k$。
输出：聚类结果

简单来说，谱聚类算法就是把 N 个 d-维的数据点划分到 k 个簇中。首先通过两点之间的距离构造一个 $N \times N$ 亲和矩阵（相似矩阵）A，两点之间距离的定义不同产生不同的亲和矩阵，通常大多采用高斯衰减函数，视具体问题而定。根据亲和矩阵计算拉式矩阵，拉式矩阵分为归一化拉式矩阵和非归一化拉式矩阵。在归一化拉式矩阵中，度矩阵是一个对角矩阵，其对角线上的值为相似矩阵 A 的对应行上的值之和，定义为 $D = \text{diag}(\sum_{j=1}^{d} A_{ij})$。在 Ng 等的算法中，显然 L 是正定的，而且它的特征值的范围 [0, 1]，

至少有一个等于 1。计算前 k 个特征向量并作为矩阵 Y′的列。对 Y′的行进行归一化处理得到 k 维向量。在这些向量上执行 k－means 算法得到期望的聚类结果。由此可看出谱聚类算法原理非常简单。

下面分析簇广泛分布的情况。矩阵 L 是具有 K 个块的对角矩阵。因为 L 至少有一个特征值为 1 的特征向量，则在每个块中正好有一个特征值为 1 的特征向量，所以矩阵 Y 中每一行正好有一个值为 1，其他的为 0。在 K 维空间的数据会在坐标轴的单位长度向量中聚类。K 个特征值为 1 的特征向量生成的空间称为聚类空间。一般情况下，选择的聚类向量会相对于坐标轴有一个角度的旋转，这是因为在 K 维聚类空间中任何正交向量都可以作为聚类向量的基。因此，我们只可以说特征向量的行的聚类空间是 K 维球体，而不是在坐标轴。Ng 等利用矩阵的扰动理论解释了算法在一般的情况下同样有效。

根据以上对 Ng 提出算法的分析，下面考虑两个问题：第一，聚类是否必须发生在单位球体空间内；第二，如果给定 K 小于数据集实际呈现的聚类簇数则会出现什么情况。

我们可通过相似矩阵的特征分解得到有用的启示：求解对称矩阵 A 的最大特征值对应的特征向量问题等价于下面的优化问题：

$$\begin{aligned} & f = \mathbf{x}^T \mathbf{A} \mathbf{x} \\ & \max\ (f)\ 其中\ \mathbf{x}^T \mathbf{x} = 1。 \end{aligned} \tag{3-5}$$

显然，如果矩阵 A 所有元素为正，那么特征向量 $\mathbf{x}$ 的元素应该符号相同。以块对角矩阵为例来讨论，矩阵行沿着 K 个相互正交的特征向量方向进行聚类，聚类发生在 K 维空间，此空间是由 K 个相互正交的特征向量产生的，因此算法 1 中的对矩阵行的归一化没有必要。也就是说，聚类空间没必要一定是单位球体空间。

当选择前 p 个特征向量时，就相当于同时确定了聚类的 p 维子空间。

当 K 个特征向量组成的矩阵的行沿着相互正交的向量聚类时，它们在低一维空间上的投影会沿着径向方向聚类。因此产生的 K 个簇在径向方向上被拉长，有可能一些簇非常靠近原点，这是因为子空间正交于一些被丢弃的特征向量。

鉴于簇的上述特点，借鉴 GuidoSanguinetti[120] 的思想改进了 CLARANS 算法，修改了数据点 **x** 到中心点的距离公式，以便于在径向方向上减权（缩短距离），在横向方向上加权（拉大距离）。

CLARANS 算法及其改进。CLARANS（Clustering Large Application based on RANdomized Search）算法的基础是 k－mediods 思想。给定含有 N 个顶点的数据集 $X=(x_1, \cdots, x_N)\in R^d$，发现 k 个中心点的过程可以被看成搜索图 G(N, k) 的过程。G(N, k) 中的每个顶点由 N 中选出的 k 个中心点 $Node_i=\{(c_j, c_{j+1}, \cdots, c_{j+k-1})\mid c_j\in X\}$ 组成，且 $|Node_i\cap Node_j|=k-1$，如图 3－4 所示。

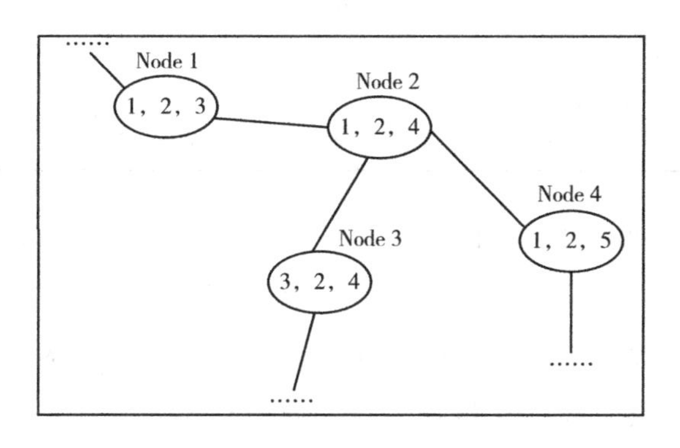

图 3－4　G(N, k) 结构

图 3－4 中节点 Node1(1, 2, 3) 和 Node2(1, 2, 4) 只有 1 个节点不同，2 个节点相同，所以 Node1 和 Node2 相连接；Node3(3, 2, 4) 和 Node4(1, 2, 5) 有两个节点不同，因此，Node3 和 Node4 之间没有边相连接。图 G(N, k) 创建后，逐个顶点搜索

整个图，同时计算每个顶点对应的聚类结果的平均距离，从而得出最优的聚类结果。由于图 G(N, k) 共有 $Node\_Num(G) = C_N^k$ 个节点。为减少算法寻优的计算代价，CLARANS 算法采用随机重启局部搜索技术对图 G(N, k) 进行搜索。算法设置参数限制局部搜索的重启次数 numlocal，而限制当前搜索顶点的最大搜索邻居数 maxneighbor。设置这两个参数，大大限制了算法搜索的范围，达到了降低搜索时间的目的。我们采用 Ng 和 Han[129] 建议的参数设置范围 $numlocal = 2maxneighbor \leqslant 1.25\% \times k(N-k)$。该算法能处理大规模、高维数据集。下面给出算法的整体流程，如表 3－2 所示。

表 3－2　　CLARANS 算法

Step1　令 numlocal = s 和 maxneighbor = t；初始化 i = 1；mincost = ∞；
Step2　current = Nodem
Step3　j = 1；
Step4　随机搜索 Neighbor(current) = Noden　根据定义 1 的计算公式，计算 nodem 和 noden2 个节点的代价差 cost；
Step5　if cost < 0, then current: = noden; return Step3；
Step6　j: = j + 1; if j < = maxneighbor; return Step4；
Step7　if j > maxneighbor, 比较 current 和 mincost, if current < mincost, then mincost: = current, bestnode: = current；
Step8　i = i + 1, if i > numlocal then output bestnode else return Step2；

根据前面的分析，在特征向量形成的聚类空间中，当 K 个特征向量组成的矩阵的行沿着相互正交的向量聚类时，它们在低一维空间上的投影会沿着径向方向聚类，因此产生的 K 个簇在径向方向上被拉长。根据此特点，我们修改样本点到中心点的距离计算公式，提出一种改进的 CLARANS 算法。

下面给出算法涉及的几个定义、相关计算公式。

[定义 3－7] 样本集 $X = (x_1, \cdots, x_N) \in R^d$，簇中心 $M = (m_1, m_2, \cdots, m_k)$。则非簇中心点 $x_i \in X$ 到簇中心 $m_j \in M$ 的距离可分两种情况计算：

第一种情况：若中心 m_j 远离原点 O，即 $m_j^T m_j > \varepsilon$，则 $x_i \in X$ 到簇中心 $m_j \in M$ 的距离为：

$$e\_dist(x_i, m_j) = (x_i - m_j)^T N (x_i - m_j); \tag{3-6}$$

其中，$N = \frac{1}{\lambda}\left(I - \frac{m_j m_j^T}{m_j^T m_j}\right) + \lambda \frac{m_j m_j^T}{m_j^T m_j}$，参数 λ 控制聚类形状的改变程度，λ 越小，簇的形状改变越大。

第二种情况：若中心 m_j 接近原点 O，即 $m_j^T m_j < \varepsilon$，则 $x_i \in X$ 到簇中心 $m_j \in M$ 的距离为：

$$e\_dist(x_i, m_j) = (x_i - m_j)^T (x_i - m_j) \tag{3-7}$$

而定义 3-7 中分两种情况计算样本点到中心点的距离，使径向线方向的数据点最大限度地聚类到相同的簇中。

[**定义 3-8**] 用非簇中心点 O_{random} 替代簇中心点 O_j 的代价可定义为：

$$\begin{aligned} cost(O_{random}) = & \sum_{i=1}^{k} \sum_{p \in clusterO_{random}(c_i')} e\_dist(p, m_i')^2 \\ & - \sum_{i=1}^{k} \sum_{p \in clusterO_j(c_i)} e\_dist(p, m_i)^2 \end{aligned} \tag{3-8}$$

其中，$cost(O_{random})$ 为图 G(N，k) 中两个邻居节点的代价差；若 $cost(O_{random}) < 0$，则实际的平方误差将会减小，O_{random} 替代 O_j，否则认为当前的中心点 O_j 可接受；p 为空间中的样本点，表示给定的数据对象；m_i 为中心点为 c_i 的簇中心，m_i' 为中心点为 c_i' 的簇中心。

在定义 3-8 中，计算用非簇中心点 O_{random} 替代簇中心点 O_j 的代价时，采用平方误差准则的差别来计算。这个准则使聚类结果的簇内尽可能地紧凑和独立，而没有考虑簇间的分离程度，并不能全面地衡量聚类结果的质量。

采用 Sergio M. Savaresi[130] 聚类结果评价函数，该性能评价是一种兼顾簇内相似性和簇间差异性的质量衡量方式。下面给出聚类结果的评价函数的定义。

［**定义 3－9**］设聚类结果 C 的簇内相似性集合：$e=\{e_i \mid i=1, 2, \cdots, k\}$，则 $e_i=\frac{1}{k_i}\sum_{x\in cluster(m_i)}\|x-m_i\|^2$，其中，$k_i$ 是中心点为 m_i 的簇 cluster(m_i) 中样本点的个数；设聚类结果 C 的簇间相异性集合：$D=\{d_i \mid i=1, 2, \cdots, k\}$，则 $d_i=\min_j(\|m_i-m_j\|)$ $(j=1, 2, \cdots, k, j\neq i)$；设 C 的存在概率集合为：$\delta=\{\delta_i \mid i=1, 2, \cdots, k\}$，令 $\delta_i=k_i/N$；则聚类结果质量衡量公式为：$Q(C)=\sum_{i=1}^{k}\delta_i e_i/d_i$，Q(C) 的取值越小，则聚类质量越高。

3.3 改进的谱聚类算法 ISC－CLARANS

聚类效果的好坏在很大程度上取决于簇数的确定，在经典 CLARANS 聚类方法中，簇数需要预先输入，这使算法未必能得到全局最优解。因此，如何自动确定簇数是一个关键的问题。

根据数据集在聚类空间上映射成沿着径向线方向分布的特点，我们提出一种自动确定聚类数目的谱聚类算法。书中尝试通过改变样本点到聚类中心的距离公式，使聚类空间中的数据点更为紧凑。谱聚类方法不需要对特征向量矩阵的行单位化，原始数据行包含的主要信息能够自动确定簇的数目。

通过表 3－1 中经典谱聚类算法计算矩阵 L。初始取前 2 个最大特征向量，即 $q=2$，在二维空间中进行聚类。初始化 $q+1$ 个中心点：两个中心位于不同的簇，另一个中心在原点。根据样本点与中心点的距离公式，算法会拖动原点的中心靠近未被考虑在内的另一个簇。计算另一个特征向量（聚类空间的维数增加到 3 维），重复上述过程。直到特征向量达到样本点的簇数，没有点被分派到原点的中心为止。下面给出改进的谱聚类算法 ISC－CLARANS 的步骤，如表3－3所示。

表3－3　　改进的谱聚类算法 ISC－CLARANS

Step1　根据 Algorithm1 计算 L；令 q＝2。
Step2　计算前 q 个最大特征值的特征向量，形成矩阵 Y。
Step3　在 Y 上执行改进 CLARANS 算法，具有 q＋1 个中心；第 q＋1 个中心在原点。
Step4　如果第 q＋1 个簇包含任意一个样本点，则说明至少存在一个额外的簇；令 q＝q＋1，返回 Step2；否则结束算法，输出簇内样本点和簇的个数。

上述算法中，关于初始中心点的选择尤为关键。必须保证选取的两个中心点分别位于不同的簇中。选取的第一个中心点离原点距离最远；第二个中心点需要满足范式最大化的同时与第一个中心点的点乘最小。这样才能保证算法的正确性，得到期望的聚类结果；如果选取的两个中心点位于同一个簇中，则只能产生2个簇，而不是如我们定义的3个簇。因此，我们采用对初始值不敏感的基于K－中心点类型的 CLARANS 算法在聚类空间上进行聚类。

3.3.1　改进谱聚类算法 ISC－CLARANS 实验及分析

为便于聚类结果的比较以及结果的可视化，图形在 Matlab7.0 中显示。算法分别在 DataSet1 及 UCI 数据库中的 Iris 数据集进行仿真实验。

（1）参数设置。

距离参数 σ 的取值通常根据簇内平均距离和簇间平均距离来选择。本书中所有实验的锐度参数（sharpness parameter）取值设为0.2。

（2）实验结果及分析。

为验证算法的可行性和有效性，同时突出数据点在聚类空间上沿径向线分布这一特点，实验在具有三个圆的人工数据集 DataSet1 上进行。该数据集由非凸簇组成，不能直接通过 CLARANS 算法分开，而采用谱技术则非常适合该类型数据集的聚类。

数据集 DataSet1 包含 360 个数据点，其中每个圆由 120 个数据点组成。在图 3－5 上采用谱聚类算法进行聚类。为在聚类空间产生紧凑的聚类结果，σ 取一个较小的值，设 $\sigma = 0.05$。maxneighbor = 60；numlocal = 30。根据数据集的分布情况，设 q = 2，取 L 的 2 个最大特征值对应的特征向量组成初始的二维聚类空间见图 3－6。

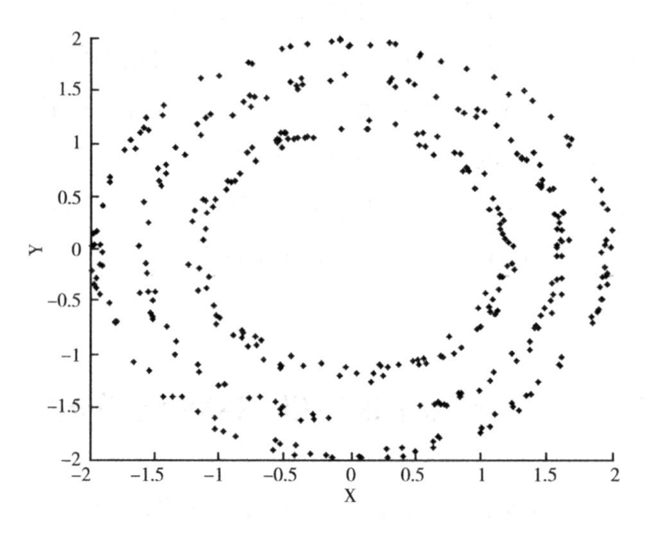

图 3－5　数据集

从图 3－6 可看出，在聚类空间数据的分布情况，有三个明显的簇。每个簇上的样本点都近似位于通过原点的径向线上。我们利用数据点在聚类空间的这一分布特点找到聚类的数目。在 CLARANS 初始化时，其初始中心点的选取非常关键。当 q = 2 时，初始中心点有 3 个（其中 1 个在原点）。关于初始中心点的分布，最好的情况是其他的两个点应位于不同的簇中。根据簇数目自动生成的原理，要使两个点位于不同的簇中。可作如下的设定：第

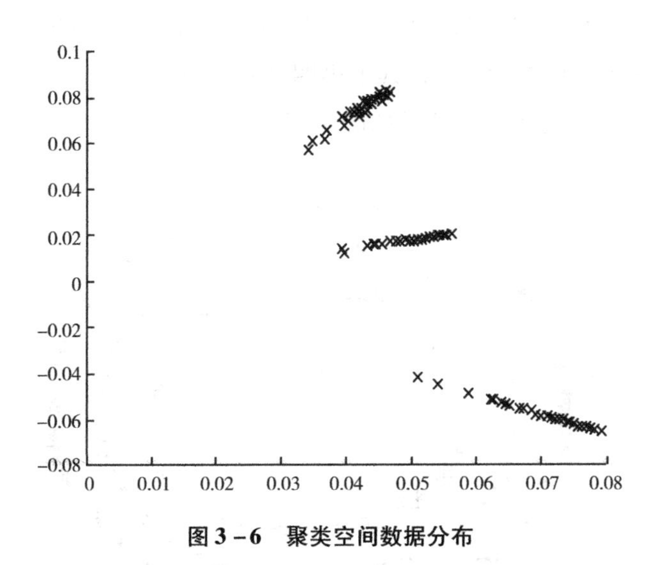

图3-6 聚类空间数据分布

一个中心点 c_1 的位置离原点最远的同时，满足第二个中心点 c_2 的范数 $\|c_2\|$ 最大，并且 c_1 和 c_2 的点乘最小。

根据上述规则设定好初始的2个中心点后，可把第3个中心点设在原点处，执行改进的CLARANS算法。在算法中，每个中心点都接近位于同一径向线的其他数据点，而远离偏离径向线上的其他数据点，所以经过多次迭代，初始产生的两个簇变化不大，聚类中心仅在这两个簇中分别选择。

由于第三个中心点设在原点，数据点到该中心点的距离用欧氏距离计算。根据CLARANS算法中距离的计算公式，数据点到原点的欧氏距离要小于数据点到其他簇的罚距离，这意味着第三个簇中的点属于该簇。最终中心点 c_3 位于第三个簇中，得到预期的聚类结果。在图3-6中，聚类空间的每个簇对应着图3-5中的每个同心圆。

当算法进一步执行时，中心点由原来的3个变为4个，其中第4个初始的中心点仍设在原点。而其他的三个簇中的初始中心点通过上一步的聚类得到。根据CLARANS算法的簇的生成规则，本算法中没有其他的数据点聚类到原点，因此算法结束。最终的聚类结果中簇的数目为4，其中第四个簇为空。

数据集的最终聚类结果如图3－7所示。

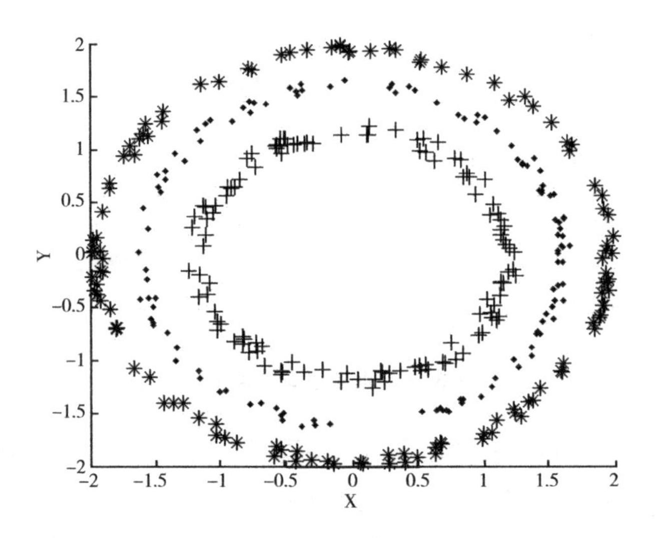

图3－7　ISC－CLARANS聚类结果

ISC－CLARANS算法得出的聚类结果通过不同的符号表示："＋"属于一个簇、"·"属于一个簇、"＊"属于第三个簇。圆圈是CLARANS算法得到的中心点。改进算法得到了预期的聚类结果。未改进CLARANS的谱聚类算法的聚类结果见图3－8。该算法未能对数据点进行正确的聚类，把其中的两个簇聚成了一个簇，没有得到预期的聚类结果。菱形是算法得到的中心点，其中算法没有给在原点中心点指派任何数据点。

3.3.2　改进谱聚类算法ISC－CLARANS时间复杂度分析

在本算法中构建相似矩阵的方法如下：采用k－近邻方法构建图，两个顶点之间若有边连接，则边的权值用高斯核函数计算。

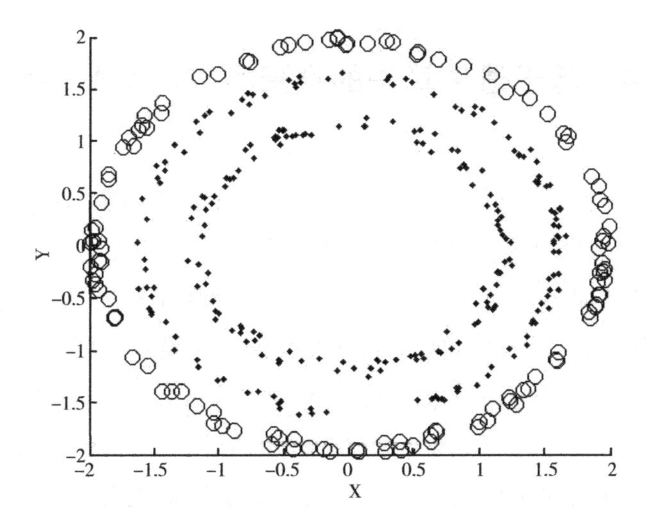

图 3－8　未改进 CLARANS 算法的谱聚类结果

构建相似矩阵的时间复杂度为 $O(N^2d)+O(N^2\log k)$，空间复杂度为 O(Nk)；通过 ARPACK 算法[131]采用 Arnoldi 因式分解得到前 q 个特征向量的时间复杂度为（$O(m^3)+(O(Nm)+O(Nk))\times O(m-q))\times$(#restarted Arnoldi)，其中 m(m > q) 为 Arnoldi 长度，q 为簇数目；空间复杂度为 O(Nk)+O(Nm)。对于 CLARANS 的运行时间，由于 CLARANS 是一种基于随机搜索找寻最优聚类的算法，其时间主要花费在计算替换代价差上，而代价差指的是当前节点的聚类代价与其中一个邻居节点的聚类代价所产生的差别。通常当前节点的邻居节点的数目 max neighbor 的范围设为［q (N－q) ×1.25%，250］，这说明在算法搜寻的每一步消耗的时间为 $O(qN^2)$，而实际上很难估算大约经过多少步才能取得一个局部最优。只能说该算法的运行时间大约是样本点数目 N 的平方级。因此执行 CLARANS 算法的时间复杂度为 $O(qN^2)\times$(#CLARANS)，q 为聚类簇的数目。

3.4　基于遗传算法的谱聚类方法 GA - ISC

在提出的谱聚类的整体框架下采用 CLARANS 算法进行聚类。由于 CLARANS 算法从当前节点出发每次只与一个邻居节点进行比较，若邻居节点优于当前节点，则将邻居节点作为当前节点，再次与其邻居节点进行比较。当数据集的规模较大时，由于该算法的运行时间大约是样本点数目 N 的平方级。执行 CLARANS 算法的时间复杂度为 $O(qN^2)\times(\#CLARANS)$，q 为聚类簇的数目。要想提高算法的执行效率及快速收敛于全局最优解，可通过降低 CLARANS 算法的运行时间来提高整个算法的效率。

CLARANS 算法每次只搜索一个邻居节点，造成了该算法对大规模数据集效率不高。若每次都能针对多个邻居节点进行操作，就提高了搜索到最优邻居节点的概率，从而提高了聚类的效率，改善了聚类的效果。由于遗传算法的隐并行性特点，其在每一代对群体规模为 n 的个体进行操作，实际处理了大约 $O(n^3)$ 个模式。同时，遗传算法是一种全局搜索算法，能改善 CLARANS 算法易陷入局部最优的缺点。因此我们尝试将遗传算法与 CLARANS 算法结合，应用于聚类问题，提出一种基于遗传算法的谱聚类方法，来提高算法的执行效率同时兼顾了局部收敛和全局收敛性能。

3.4.1　基于 GA 的谱聚类算法设计

首先给出遗传算法 GA 的谱聚类算法 GA - ISC 的整体步骤及框架（见图 3 - 9）。然后对遗传算法的每步进行详细的分析、说明以及参数的取值及设定。

Step1：初始化种群及编码。以簇的中心点作为染色体的基因位；迭代次数 $t = 1$。

Step2：随机生成 1 个染色体 current，然后生成该染色体的 maxneighbor 个邻居节点 Neighbor(current) 组成种群，即种群规模为 maxneighbor。

Step3：根据公式分别计算每个染色体的 maxneighbor 个邻居节点的适应度值；然后执行：

（1）选择操作：若群体中有节点的适应度值小于 0，则把适应度值最小的节点作为 current 节点，然后执行 Step2；若群体中不存在适应度值小于 0 的节点，则执行变异操作。

（2）变异操作：对子个体进行变异操作。

Step4：$t = t + 1$；若 $t < T$ 则重复执行 Step3；直至达到迭代次数 $t = T$。

Step5：输出 current，得到期望的聚类结果；算法结束。

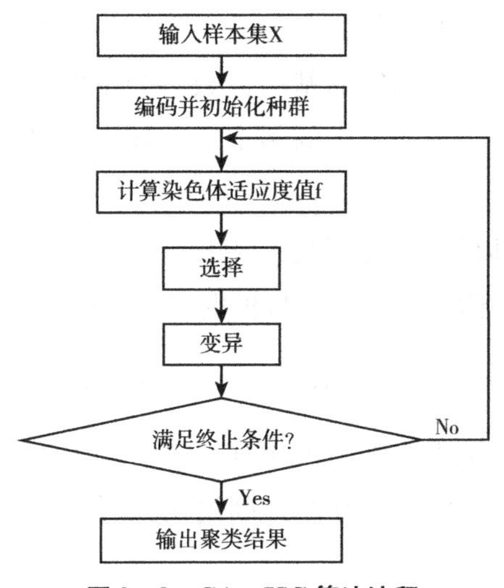

图 3-9　GA-ISC 算法流程

（1）染色体的编码表示及初始化种群。

根据聚类算法自动确定聚类数目的特点，对染色体的表示可尝试采用动态的基于聚类中心点的浮点数编码方法。

设 q 为当前的聚类数目，q 不断变化。选取 q+1 个样本点作为中心点（第 q+1 个样本点在原点）组成染色体。染色体基因位的值分别为选取的中心点。染色体的编码用当前簇数目的聚类中心点表示。设在遗传算法的第 t 代种群为 $X(t)=\{C_i(t)\mid i=\mu\}$；$C_i(t)$ 表示第 i 个染色体且 $C_i(t)=(c_1, c_2, \cdots, c_q)$，其中，q 为当前的聚类数目，$c_i$ 为聚类中心点。染色体的长度为 $q*(q+1)$。

算法开始设 q=2，即当前聚类的数目为 3，其中第三个簇的中心点在原点。初始种群的选取可随机产生，但必须保证染色体满足如下条件：选取的两个中心点分别位于不同的簇中。可通过下面的方法解决：第一个中心点 c_1 的位置离原点最远的同时，满足第二个中心点 c_2 的范数 $\|c_2\|$ 最大，并且 c_1 和 c_2 的点乘最小。

所有 q－染色体组成的子群体称为 q－子群体。q－子群体规模用 μ_q 表示。群体规模 $\mu=\sum_q \mu_q$。初始种群中的染色体包含三个基因位，每个基因位包含 1 个 2－维中心，染色体的长度为 6。随着算法的进行，染色体的基因位数目会不断增大，长度也不断增加。随机产生初始种群中的多个染色体便于进行交叉操作和变异操作。

（2）染色体的适应度函数。

算法中染色体的适应度函数根据不同的代数分别选取：

$$f=Q(C)-Q(C'),\text{其中 } Q(C)=\sum_{i=1}^{k}\delta_i e_i/d_i \quad (3-9)$$

当适应度函数 f 的值小于 0 时，说明此时生成的聚类结果的质量越高；当 f 的值大于 0 时，则说明此时生成的聚类结果的质量越差。

（3）选择操作。

选择操作在每个 q－子群中独立进行。算法采用一个概率 $p_i=f_i/\sum_{j=1}^{\mu} f_i(i=1,2,\cdots,\mu)$ 分布即轮盘赌的形式选择个体，个体

（数目 μ_q）被选中的概率直接与其适应度有关。通过这种方法选出适应度较高的个体作为父个体。

（4）交叉操作。

本算法中不采用交叉操作。群体是由 current 节点的邻居节点产生的。而邻居节点之间只有一个或两个相异位，则采用单点交叉或者多点交叉时，都会产生相同的节点或者不属于该节点的邻居节点。

（5）变异操作。

变异操作是遗传算法跳出局部最优解的策略。根据聚类数目 k 的不断变化的特点，在 k－染色体中选取染色体中的每个基因位变异概率 $p(k)=1-e^{\frac{\ln(1-p_m)}{k}}$，其中 p_m 为给定的变异概率。

3.4.2　基于遗传优化的谱聚类算法 GA－ISC 的整体框架

下面给出基于 GA 的改进谱聚类算法 GA－ISC。参数表示如表 3－4 所示。

表 3－4　　GA－ISC 算法参数表示

X——数据集 N——数据集中样本数 d——样本点维数 A——相似矩阵 D——度矩阵 L——拉普拉斯矩阵 k——聚类结果数 σ——窗宽 f——适应度函数	c_i——第 i 个聚类中心 $C_i(t)$——第 i 个染色体 μ_k——k－种群规模 t——进化代数 p_i——选择概率 p_c——交叉概率 p_m——变异概率 $p(k)$——k－染色体中每个基因位的变异概率（$p(k)=1-e^{\frac{\ln(1-p_m)}{k}}$）

算法如下：

输入：数据样本集 $X=\{x_1, x_2, \cdots, x_N\}\subseteq R^{N\times d}$。

输出：最终簇数 k 及簇内聚类结果 $c_1, c_2, \cdots, c_k$。

Step1：通过高斯衰减函数构造相似矩阵 $A_{ij} = \exp(-\|x_i - x_j\|^2/(2\sigma^2))$。

Step2：计算归一化拉式矩阵 $L = D^{-\frac{1}{2}}AD^{-\frac{1}{2}}$，初始化 $k = 2$。

Step3：计算 L 的前 k 个最大特征值的特征向量 y'_1，…，y'_k，并把这些特征向量作为列组成矩阵 $Y' \in R^{N\times k}$；对 Y'中的行向量进行单位化 $y_{ij} = y'_{ij}/(\sum_k y'^2_{ik})^{1/2}$，形成矩阵 $Y \in R^{N\times k}$。

Step4：矩阵 Y 中每一行 $i = 1$，…，N 中的元素组成一个向量 $t_i \in R^k$；在点集 $T = \{t_i \mid i = 1, \cdots, N\}$ 上执行基于遗传优化的 CLARANS 算法，具有 $k+1$ 个中心；第 $k+1$ 个中心在原点。

Step5：如果第 $k+1$ 个簇包含任意一个样本点，则说明至少存在一个额外的簇；令 $k = k+1$，返回 Step3。

Step6：如果 T 的第 i 行属于第 j 类，则将数据样本集 X 中的第 i 行标记为第 j 类；输出聚类结果和簇数。

3.4.3 实验结果及分析

算法分别在人工数据集 DataSet1 和采用 UCI 数据库中 Iris 数据集进行仿真实验。

（1）人工数据集 DataSet1 的实验结果及分析。

实验对 DataSet1 数据集进行聚类，将 DataSet1 中的三个同心圆聚成 3 个簇。为了比较基于 GA 的谱聚类算法（GA－ISC）和未引入 GA 的谱聚类算法（ISC－CLARANS），GA－ISC 算法采用相同的参数设置。$\sigma = 0.05$，$\lambda = 0.2$，染色体的邻居节点 maxneighbor＝60，种群规模 $\mu = 30$，类似于 CLARANS 算法中的 numlocal；$p_c = 0.7$；$p_m = 0.01$；迭代次数 $T = 100$。两种算法的对比如图 3－10 所示。

GA－ISC 算法聚类结果的评价函数 $Q(C) = 0.091$；ISC－

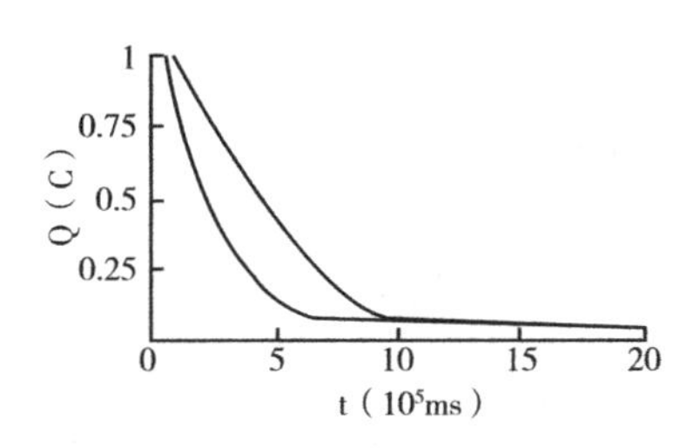

图 3－10　GA－ISC 与 ISC－CLARANS 执行时间与聚类质量对比

CLARANS 算法的聚类结果的评价函数 Q(C)＝0.091。GA－ISC 算法达到了很好的聚类效果。算法在对 DataSet1 数据集进行聚类的过程中，算法完成聚类过程大约需要 0.56D＋6ms，而 ISC－CLARANS 算法需要的时间为 0.923D＋6ms。GA－ISC 算法在执行效率上要明显高于 ISC－CLARANS 算法。这在聚类的初期阶段表现得尤为明显。这是由于 GA－ISC 算法改变了 CLARANS 算法的限制，即每次只搜索一个邻域内节点，而改为每次同时搜索多个邻域内节点，从而提高了算法的执行效率。评价函数及运行时间的取值都是算法运行 30 次结果的平均值。

（2）Iris 数据集的实验结果及分析。

窗宽参数 σ 的取值通常根据簇内平均距离和簇间平均距离来选择，取 $\sigma=0.08$；锐度参数（sharpness parameter）λ 取值设为 0.2；$p_c=0.7$；$p_m=0.01$；种群规模 $\mu=20$；染色体的邻居节点 maxneighbor＝30；迭代次数 T＝100。

实验对 Iris 数据集进行聚类。GA－ISC 及 ISC－CLARANS 算法的对比如图 3－11 所示。

GA－ISC 算法聚类结果的评价函数 Q(C)＝0.322；ISC－CLARANS 算法的聚类结果的评价函数 Q(C)＝0.361。GA－ISC 算法在对 Iris 数据集完成聚类过程大约需要 1.8D＋6ms，而 ISC－CLARANS 算法需要的时间为 2.3D＋6ms。GA－ISC 算法在执行效率上要明显高于谱聚类算法。这在聚类的初期阶段表现得尤为明

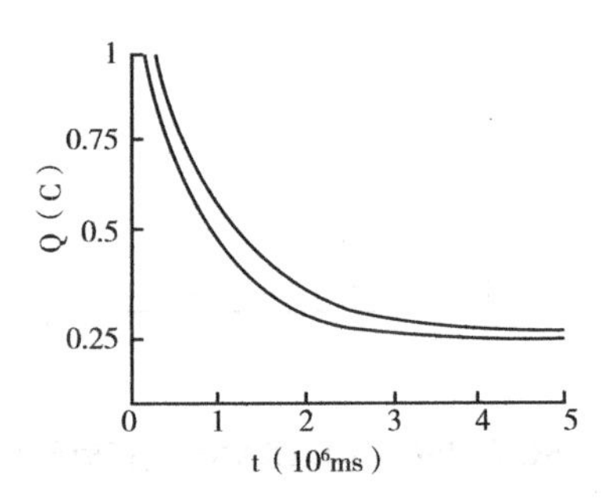

图3-11 GA-ISC与ISC-CLARANS执行时间与聚类质量对比

显。这是由于GA-ISC算法改变了CLARANS算法的限制，即每次只搜索一个邻域内节点，而改为每次同时搜索多个邻域内节点，从而提高了算法的执行效率。评价函数及运行时间的取值都是算法运行30次结果的平均值。

3.5 小结

本章首先介绍了谱聚类技术及相关概念，其次对谱聚类算法进行相关研究，根据数据集在聚类空间上映射成沿着径向线方向分布的特点，使用一种新的样本点到聚类中心点的距离公式，提出一种自动确定聚类数目的谱聚类算法ISC-CLARANS。实验在人工数据集上对算法进行了验证，证明了算法的有效性；在提出的谱聚类的整体框架下采用CLARANS算法进行聚类并对新的谱聚类算法进行了时间复杂度分析。书中介绍了CLARANS算法的原理及特点，采用了兼顾簇内相似性和簇间差异性的聚类结果评价函数；当数据集的规模N及聚类结果q较大时，执行CLARANS算法的时间复杂度达到$O(qN^2)\times$(#CLARANS)，这是因为CLARANS算法的搜索邻居节点的限制，造成了该算法对大规模数据集效率不高。要想提高算法的执行效率及快速收敛于全局最优解的能力，我们将遗传算法引入采用 CLARANS 算法的谱聚类中，提出一种基于遗传算法的谱聚类方法 GA - ISC。该算法提出一种融合了聚类中心点和聚类评价函数的新的适应度函数。实验在 UCI 数据库中的 Iris 数据集上进行验证，证明了 GA - ISC 算法在执行效率、收敛速度上有了明显的提高。

计算智能算法的
聚类模型及应用
Chapter 4

第4章 基于Morse优化模型的聚类算法研究

4.1 引　　言

Morse 理论作为一个强有力的工具应用于计算拓扑学、计算机图形学、几何建模等领域。该理论最初用于研究光滑流形的结构。近年来，Forman 将理论推广到离散结构如单纯复形中，取得了更广范围的应用。

在流形上定义一个 Morse 函数，则可通过产生的临界单元得出该流形的拓扑结构信息。因此，如何在单元复形上定义最优离散 Morse 函数是一个关键问题。而最优则是指由此产生的临界单元最少。Forman 证明了这是一个 MAX－SNP 问题。Thomas 在 2 维流形上提出一种线性算法使得总能达到最优。

受 Forman[104,132] 的离散 Morse 理论的启发，我们尝试在 3 维及以上离散空间 K 对任意给定的 f：K→R 进行优化分析构造最优离散 Morse 函数，产生尽可能少的临界单元，从而得到函数的最优值或接近最优值。根据上述思想构建了一种基于离散 Morse 理论的优化模型，解决了离散 Morse 理论的优化问题，并把这一优化模型应用于聚类分析，提出一种基于离散 Morse 优化模型的聚类算法。算法采用基于核密度估计的层次聚类的思想，根据离散 Morse 优化模型得到密度函数的极值，同时根据构造的离散梯度向量场得到以极值点为聚类中心的数据集的初始划分，然后通过临界单元的抵消算法对初始聚类进行合并产生不同层次的划分模式。实验分别在人工数据集和 UCI 数据库中的 Iris 数据集和 Haberman's Survival 数据集上进行。理论分析和仿真实验结果显示，该算法能够发现任意形状、大小和密度的聚类，能较好划分数据点重叠区域的聚类形状，证明了新算法的可行性及有效性。

4.2　离散 Morse 理论优化模型

受 Forman 的离散 Morse 理论的启发，尝试用离散的方法在 3 维及以上空间对任意给定 f 进行优化分析，提出一种构造离散 Morse 函数的方法。给出样本空间 D 的样本点，样本点的值对应 f 值，这些样本点产生此空间的一个 0 维框架的子复形。我们把 f 扩展成整个空间的离散 Morse 函数，并使由此产生的离散 Morse 函数能尽最大可能反映 f 的特性。

令 K 表示一个有限的单纯复形，f：K→R，我们尝试把 f 扩展成 K 上的离散 Morse 函数。书中已证明此算法具有合理的运行时间，能产生尽可能少的临界单元，可以得到函数的最优值或接近最优值，这是一个全新的尝试，具有一定的现实意义。

其实构造最优离散 Morse 函数的方法也有人提出过。在 Lewiner[15] 的研究中，它的初始条件是仅给出一个单纯复形，并在单纯复形上构造尽可能最优的离散 Morse 函数。在 King[106] 的研究中，不仅给出单纯复形，且给出了复形顶点的对应函数来构建离散 Morse 函数。而他们构建的最优离散梯度向量场或最优 Morse 函数都是为了得到尽可能少的临界单元，来描述结构的拓扑不变性。

受离散 Morse 理论中离散梯度向量场这一特点的启发，我们从另一个方向做一个新的尝试，提出一种离散结构的优化模型。把离散 Morse 理论用于优化问题求解。其基本思想是根据给定的测试函数，从问题解空间构造单纯复形，在复形上构造最优的离散梯度向量场及最优 Morse 函数，从而得到给定问题的最优解。

书中提出一种构建离散 Morse 函数的方法，并证明了构建的函数确实是 K 上的离散 Morse 函数，并得到问题的最优解或近似最优解。

根据离散 Morse 理论的特点构建了基于其理论的优化模型，这是一个全新的尝试。实验的结果证明了该模型的有效性。

4.2.1 预备知识及符号表示

有限数据集表示为 $X=\{x_1, \cdots, x_N\}\subset R^n$；数据集的映射函数 $h: X\rightarrow R^1$；可用 $S=\{(x, h(x): x\in X\}\subset R^{n+1}$ 表示离散曲面；K_i 表示复形 K 的 i 维单形的集合。$\sigma=[v_0, v_1, \cdots, v_i]$ 表示一个 i 维单形 σ 由顶点 $v_0, v_1, \cdots, v_i$ 组成。现在给出一个定义：$\max h(\sigma)=\max\limits_{0\leqslant j\leqslant i}\{h(v_j)\}$，如果 $\sigma\in K_i$，$\tau\in K_j$ 是不相交的单形，则 $\sigma*\tau$ 或者未定义或者是一个（$i+j+1$）-维单形（此单形的顶点是 σ 和 τ 顶点的集合）；下面定义顶点 v 的邻域。根据 Edelsbrunner[8] 的定义，v 的链域是指包括所有单形 τ 的复形，其中 $v*\tau$ 有定义。v 的较低链域是指 v 的链域的最大子复形，其中最大子复形上所有顶点的 h 值小于 h(v)。换句话说，v 的较低链域的单形是 K 的所有单形 τ，其中 τ 满足下面的条件：第一，$v*\tau$ 有定义；第二，$\max h(\tau)<h(v)$。

4.2.2 离散 Morse 理论基础

［定义 4-1］[133]**（离散 Morse 函数）** 把复形 K 的每个单形映射为一个实数函数 $f: K\rightarrow R$ 称为离散 Morse 函数。此函数满足：对每个单形 $\alpha^{(p)}\in K$，有：

$$\#\{\tau^{(P+1)}>\alpha^{(p)}: f(\tau)\leqslant f(\alpha)\}\leqslant 1 \tag{4-1}$$

$$\text{and } \#\{\upsilon^{(p-1)}<\alpha^{(p)}: f(\upsilon)\geqslant f(\alpha)\}\leqslant 1 \tag{4-2}$$

离散 Morse 函数是一个随着维数增长而增长的实数函数，至多有一个例外。因此，最简单的情况为：假定 α 是 K 的一个单形，我们定义一个 Morse 函数 f：K→R：

$$f(\alpha)=\dim(\alpha) \tag{4-3}$$

实际上，在上述定义中式（4-1）和式（4-2）不可能同时成立。

证明：假定 $\alpha^{(p)}\in K$ 有一个依附面（coface）$\tau^{(p+1)}$，使得 $f(\tau)\leqslant f(\alpha)$，且存在一个面 $\upsilon^{(p-1)}$，使得 $f(\upsilon)\geqslant f(\alpha)$。

令 $\alpha'^{(p)}$ 是包含 υ 的 τ 的另一个面，那么 $f(\alpha')$ 一定大于 $f(\upsilon)$。因为 υ 已经有一个依附面 α 使得 $f(\upsilon)\geqslant f(\alpha)$。同样道理可得 $f(\tau)>f(\alpha')$。根据上述的分析存在下面的不等式：

$f(\tau)\leqslant f(\alpha)\leqslant f(\upsilon)<f(\alpha')<f(\tau)$，而这不等式显然是不可能成立的。因此得证。

[定义4-2][133] **（临界单形）** 设 f：K→R 是一个离散 Morse 函数。若单形 $\alpha^{(p)}$ 是一个临界单形，则需满足：

$$\#\{\tau^{(p+1)}>\alpha^{(p)}:f(\tau)\leqslant f(\alpha)\}=0 \tag{4-4}$$

$$\text{and }\#\{\upsilon^{(p-1)}<\alpha^{(p)}:f(\upsilon)\geqslant f(\alpha)\}=0 \tag{4-5}$$

不满足上述条件的单形称为规则单形。

根据前面的定义，在式（4-3）给出的离散 Morse 函数中，每个单形都是临界的。

[定理4-1][15]假定 V 是离散 Morse 函数 f 的梯度向量场。单形序列是一个 V-path 当且仅当 $\alpha_i<\beta_i>\alpha_{i+1}(i=0,\cdots,r)$，且 $f(\alpha_0)\geqslant f(\beta_0)>f(\alpha_1)\geqslant f(\beta_1)>\cdots\geqslant f(\beta_r)>f(\alpha_{r+1})$。

由此可见，函数 f 是沿着离散梯度向量场方向下降的。这为 Morse 理论提供了优化基础。

[定理4-2][15]离散梯度向量场 V 是离散 Morse 函数的梯度向量场当且仅当没有非平凡、闭合的 V-path。

没有非平凡、闭合的 V-path 也就是说在修正的 Hasse 图中没有闭合的有向路径，即不产生回路。令 G 为有向图，则图中顶点的函数值沿着每条有向路径（梯度路径）严格递减当且仅当 G 中不存在有向回路。

4.2.3 离散结构—单纯复形

单纯复形是一种很重要研究离散结构拓扑属性的工具。曲面的离散化是通过基于凸包的三角剖分来实现的，对曲面的三角剖分形成单纯复形。hull(X) 表示数据集 $X=\{x_1, x_2, \cdots, x_n\}\subset R^n$ 形成的凸包。对于凸包内的点 $x_i\in X$，对应于曲面上点（x_i, $h(x_i)$）存在其邻域同胚于 R^n；对于凸包上的点 $x_i\in X$，对应于曲面上的点（x_i, $h(x_i)$）存在其邻域同胚于 R^n 的半球。因此，曲面的三角剖分是一个有边界的 n 维流形。

对于曲面的三角剖分，我们分两步来得到其单纯复形。首先在数据集 $X=\{x_1, x_2\cdots, x_n\}\subset R^n$ 上进行 Delaunay 三角剖分。一个 $q+1$ 维单形是通过 q 维单形与点 $x_i\in X$ 连接形成，且 $q+1$ 维单形的外接球内不存在其他点。然后对每个数据点 x_i 提升 $h(x_i)$，即可得曲面的单纯复形。随机产生 3000 个坐标点的结果如图 4－1 所示。表 4－1 表示运算实例（30000 个坐标点）建立单纯复形的时间。

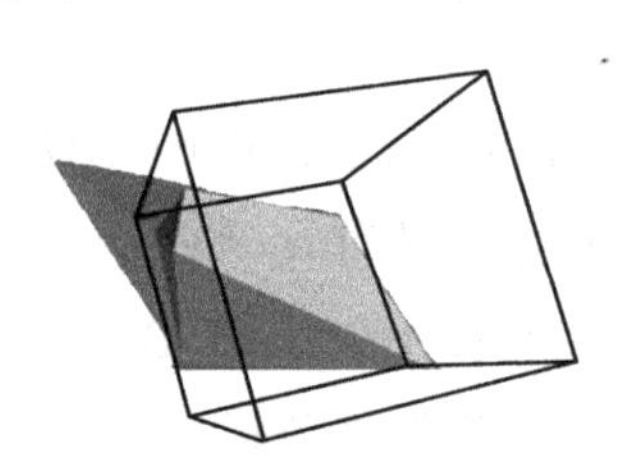

图 4－1　Delaunay 三角剖分

表 4－1　运算实例（30000 个坐标点）建立单纯复形的时间

实例	CPU（s）
F1	0.028
F2	0.032
F3	0.038
F4	0.05

4.2.4 算法——构造离散梯度向量场（DVF - Algorithm）

我们以修正的 Hasse 图[9]中的子图 R_i（$i=1,\cdots,\dim K$）来考虑构造离散梯度向量场。

DVF - Algorithm 算法包含两部分：ConstructDVF(K，g）和 CancelCriticalCell(K，g，j）。其中 ConstructDVF(K，g）产生未经调整的 A，B，C 和 r；CancelCriticalCell(K，g，j）修正已产生的 A，B，C 和 r。

算法 1：ConstructDVF(K，g）。

Step1：输入有限单形 K，映射函数 $h: K_0 \to R$。

Step2：初始化相关参数。设定 A，B，C 为空；设定映射 $r: B \to A$，其中 $r(\sigma)$ 是 σ 的一个面。

Step3：取顶点 $x \in K_0$，求 x 的较小链域 K'，若 K'为空，则把 x 放入 C 中（x 为局部最小值）；否则把 x 放入 A 中，在 K'上重新定义 $h': K_0' \to R$ 作为 h 的约束条件，再转 Step2 重新执行，直至 K'上的单形分别存入 A'，B'，C'。

Step4：找到 $w_0 \in C_0'$，使得 $h'(w_0)$ 最小；把 $[x, w_0]$ 放入 B 中，定义 $r([x,w_0]) = x$；对每个 $\sigma \in C' - w_0$，把 $x*\sigma$ 放入 C 中；对每个 $\sigma \in B'$，把 $x*\sigma$ 放入 B，把 $x*r'(\sigma)$ 放入 A 中，定义 $r(x*\sigma) = x*r'(\sigma)$。

Step5：再转 Step3 执行，直到 K_0 中的顶点取完为止。

h'采用以下定义：$h'(w) = (h(w) - h(x))/l([x,w])$，其中 $l([x, w])$ 表示边 $[x, w]$ 的欧式距离。

为得到尽可能少的临界单元，产生最优的离散 Morse 函数，在已产生的离散梯度向量场中，如发现存在这样一条的路径：以 $\tau \in C_j$ 为起点，$\sigma \in C_{j-1}$ 为终点，且梯度路径上的每个单形 β 的

$h(\beta)<\delta$（若数据集无噪声点，通常取0），则选择 $\sigma=\max\{\max h(\tau)-\max h(\sigma)\}$ 执行算法2。

算法2：CancelCriticalCell(K，g，j)。

Step1：取1个 $\tau\in C_j$。

Step2：找到所有的梯度路径 $\tau=\tau_{i1}\to\tau_{i2}\to\cdots\to\tau_{il}\in C_{j-1}$。若从 τ 的面到 $\sigma\in C_{j-1}$ 的梯度路径只有一条，令 $m_i=\max\{h(\tau_{kl})\}$。

Step3：m_i 至少被赋值1次，选择 $m_j=\max\{m_i\}$。若梯度路径上每个单形 β 的 $h(\beta)<\delta$，则执行Step4；否则执行Step1。

Step4：找到唯一的梯度路径 $\tau=\tau_1\to\sigma_1\to\tau_2\to\sigma_2\to\cdots\to\sigma_j=\sigma\in C_{j-1}$，其中 $V(\sigma_i)=\tau_{i+1}$，σ_i 是 τ_i 的一个面且 $\sigma_i\neq\sigma_{i+1}$。

Step5：从C中删除 σ 和 τ；翻转 τ 到 σ 的方向即 $V(\sigma_i)=\tau_i$。

Step6：重复Step1，直到取完为止。

4.2.5 构造离散Morse函数及优化模型

Henry King[134]提出一种扩展顶点函数h成离散Morse函数f的算法，并给出了证明。

[定理4-3]（Henry King[134]）给定 $\varepsilon>0$，构造的Morse函数f满足 $|f(\tau)-\max h(\tau)|\leqslant\varepsilon$，其中 $\max h(\tau)=\max\{h(x):x$ 是 τ 的顶点$\}$。

证明：对所有的顶点 $v\neq w$，假定：

$|h(v)-h(w)|>3\varepsilon$。如果 K' 是顶点v的低值链域，在 K' 可定义出离散Morse函数 g_v。设定 $g_v\in(h(v),h(v)+\varepsilon]$。令 w_0 是使h取得最小值的 K' 上的顶点，则 w_0 是 K' 的临界单元。在顶点v的链域上定义 h'：$h'([v,w_0])=h(v)-\varepsilon,h'(v*\tau)=g_v(\tau)$。

现在来做两个假设：假设1，如果 τ 是 σ 的依附面且 $h'(\tau)\geqslant h'(\sigma)$，则 $\sigma\in B$，$\tau=r(\sigma)$。假设2，对所有的 $\sigma\in B$，满足 $h'(r(\sigma))\geqslant h'(\sigma)$。假设1说明 h' 是离散Morse函数，假设2则说明 h' 产生的

Hasse 图与 generating - group(K, h, p) 产生的一致。

证明：令 v 是 σ 的最大顶点，则 $h(v) = \max h(\sigma)$。

若 $\sigma \neq v$，令 σ'是单形，则 $\sigma = v * \sigma'$。

为了证明假设 1，令 w 是 τ 的最大顶点。若 $w \neq v$，则 $h'(\tau) \geqslant h'(\sigma) \geqslant h(v) - \varepsilon \geqslant h(w) + 2\varepsilon \geqslant h'(\tau) + \varepsilon$，显然不等式矛盾，所以 $w = v$，也就是 τ 在 v 的低值临域内。首先假定 $\tau = v$，那只有一种可能 $\sigma = [v, w_0]$，所以 $r(\sigma) = \tau$。若假定 $\tau \neq v$，则 v 邻域中存在单形 τ'使得 $\tau = v * \tau'$，所以 $g_v(\tau') \geqslant g_v(\sigma')$，且对 τ'只有一种可能即 $\tau = r(\sigma)$。

对假设 2 进行证明。若 $r(\sigma) = v$，显然假设成立。因为 $\sigma = [v, w_0]$ 且 $h'(\sigma) = h(v) - \varepsilon$。若 $r(\sigma) \neq v$，那么 $r(\sigma) = v * r'(\sigma')$，则 $h'(r(\sigma)) = g_v(r'(\sigma')) \geqslant g_v(\sigma') = h'(\sigma)$。

由于 $K = S(x_1) \cup S(x_2) \cup \cdots \cup S(x_n)$，因此，我们考虑在单个 $S(x_i)$ 上构造离散 Morse 函数然后扩展到整个 K 区域。如 $r(\delta) = x_i$，则认为 δ 在 x_i 之前即 $f(\delta) \leqslant f(x_i)$，由此根据进入 A，B 或 C 的顺序来得到 $S(x_i)$ 所有单元的一个序列：δ，x_i，α_{i1}，α_{i2}，…，α_{in}。

受定理 4 - 3 启发，结合构造离散梯度向量场的方法，下面给出具体 Morse 函数的定义：给定 $\varepsilon > 0$，有：

$$\begin{cases} f(\delta) = h(x_i) - \varepsilon \\ f(x_i) = h(x_i) \end{cases}$$

$f(\alpha_{ij}) = h(x_i) + j\varepsilon$（其中 $j > 0$，且 j 尽可能的小）

（1）若 $S(x_i)$ 含单元数 $k = 1$，则只有顶点 x_i，x_i 存入 C 中，此时 $f(x_i) = h(x_i)$，显然成立；

（2）若 $S(x_i)$ 含单元数 $k = 2$，则会出现配对 $r(\delta) = x_i$，δ 存入 B 中，x_i 存入 A 中，$(f(\delta) = h(x_i) - \varepsilon) < (f(x_i) = h(x_i))$，可得成立；

（3）若 $S(x_i)$ 含单元数 $k = n(n > 2)$，若规则单元（$\alpha^{(p)}$，

$\beta^{(p+1)}$) $\in V$，则 $f(\beta)<f(\alpha)$，显然满足 f，由算法 1 可知 β 的其他面之前已存入 r 或 C 中，α 是 β 的唯一自由面。若 $\gamma\in C$，说明 γ 的所有面之前已存入 r 或 C 中而其依附面会随后加进来，所以 Morse 函数产生的临界单元 γ 的条件 f 也满足。

[**定理 4 -4**] 如果 x 是 K 的顶点且 h(x) 最小，那么 DVF - Algorithm 会把 x 作为一个临界单元输出。

临界顶点是 h 取得局部最小值的顶点，然而不是每个局部最小值顶点都是临界顶点。因为如果取得局部最小值的顶点 w 和 h 的鞍点[135]相连接，则 w 可能就不会产生临界顶点。同样地，临界 2 维单形 e 和 h 的局部最大值 m 相邻接，但是若 m 与 h 的鞍点相连接，则 e 可能不会是临界单元。

所以优化问题的最优解就是在 C 的 0 - 单元上选取。下面给出优化算法的流程，如图 4 -2 所示。

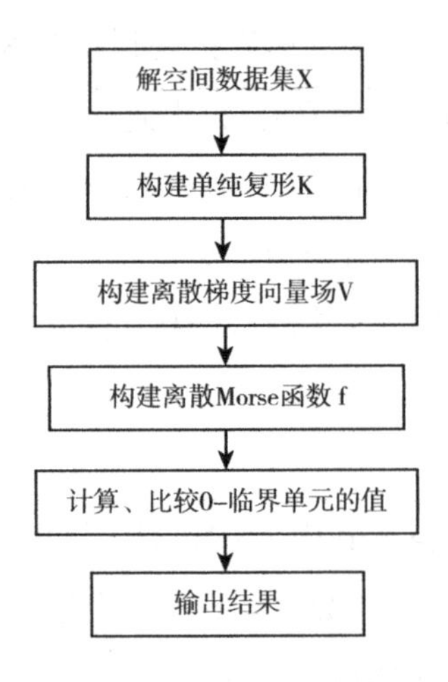

图 4 -2　优化模型的流程

4.2.6　离散 Morse 函数的最优化

在 [133] 中已证明找到最优离散 Morse 函数的问题是一个

MAX－SNP难问题。但是这样的最优化Morse函数是存在的。下面给出证明。

证明：虽然在一个给定的复形K上可定义无限个离散Morse函数，但是存在有限数量的离散梯度向量场。因为离散梯度向量场可看成是Hasse图的配对且配对数少于$2^{(\#K)^2}$，这样K中就存在尽可能少的临界单形。

4.3　实验结果及分析

下面对提出的算法进行实验验证和分析。算法由Visual c++ 2005实现，图形在Geomview中显示。由于Geomview是在Unix环境下运行的，而Cygwin在Windows中提供了一个模拟Unix环境。实验采用表4－2中4个标准测试函数[119]进行一系列实验。这4个测试函数具有不同的特点，可以充分测试算法对不同类型问题的优化性能。

表4－2　　标准测试函数

测试函数	x_i
$F1 = \sum_{i=1}^{n} x_i^2$	[－100，100]
$F2 = \sum_{i=1}^{n-1} (100(x_{i+1} - x_i^2)^2 + (x_i - 1)^2)$	[－2.048，2.048]
$F3 = \sum_{i=1}^{n} (x_i^2 - 10\cos(2\pi x_i) + 10)$	[－5.12，5.12]
$F4 = \frac{1}{4000}\sum_{i=1}^{n} x_i^2 - \prod_{i=1}^{n} \cos\left(\frac{x_i}{\sqrt{i}}\right) + 1$	[－600，600]

F1和F2是连续的单峰函数，其中F2是一个经典的复杂优化问题，取值区间内走势平坦，要收敛到全局最优点的机会微乎其

微。F3 和 F4 是复杂的非线性多峰函数，存在大量局部极值，可检验算法全局搜索和逃离局部极值的能力。

4.3.1 实验方法及参数设置

利用 Forman 的离散 Morse 理论建立优化模型，将算法用于表 4 -2。

算法中参数的设置情况：函数维数 dim = 3，数据规模 size = 30000；随机点的位置范围为表 4 -2 中 x_i 的区间。表 4 -3 记录了算法循环 100 次寻优的最优结果（最优 Morse 函数）、寻优结果的平均值及与最优值的比较结果。

表 4 -3　　优化模型的实验结果

测试函数	最优 Morse 函数	平均寻优结果	与最优值差值
F1	(1, 0, 0, 0)	1E -261	0
F2	(2, 5, 2, 0)	4.22E +01	-4.22E +01
F3	(1, 1, 0, 0)	1.01E +01	-1.01E +01
F4	(1, 0, 0, 0)	7E -02	-4E -02

4.3.2 算法在测试函数中求解结果及分析

本实验的所有数据均为测试函数在其取值范围内随机产生。表 4 -3 详细记录了算法寻优结果及与最优解的差值。

由表 4 -3 最优值与参考文献［136］中的最优值进行比较可以看出，我们构建的离散 Morse 函数能够取得或接近取得函数的最优值。这说明通过构建最优离散 Morse 函数进行函数优化的思路可行，且能取得较好的效果。

对于单峰函数，DVF - Algorithm 所得最优解的收敛精度较高。对于多峰函数，此算法有可能会陷入局部最优，但我们可以尝试通过调整参数的方法尽可能地避开收敛于某一局部极值点。

通过大量的模拟实验发现，此种方法进行优化问题求解结果的准确性在很大程度上取决于问题空间的取值类型。取值类型是整型的求解结果效果要好于浮点型的求解效果，这是因为我们在顶点的低值链域上h′定义为两个顶点坐标的欧氏距离所致。

4.3.3 算法求解过程及结果在Geomview中的显示

实验以F4为例来讨论。实验中，我们把构造的离散Morse函数在可视化界面中显示。在窗口中有点和不同的球。顶点和球之间通过线连接。通过线连接的单形是临界单形。球包着单形的重心，线连接着它的相关面的重心。

通过generating－group(K，h，p）算法构造Morse函数产生的临界单元数为（2，3，2，0)。求解结果界面如图4－3所示，其中Ai表示0－维临界单形，Bi表示1－维临界单形，Ci表示2－维临界单形。

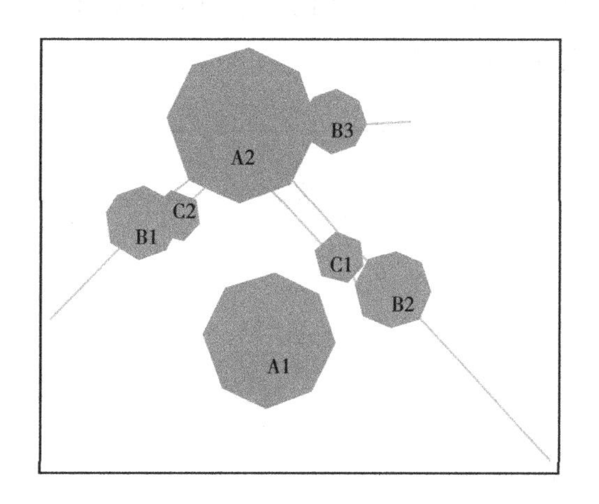

图4－3 F4的求解界面

(1) 显示0～1层梯度路径。

上述的梯度路径通过cancelling－criticalsimplex(K，h，j)，可

消除临界单元 A2 和 B1。

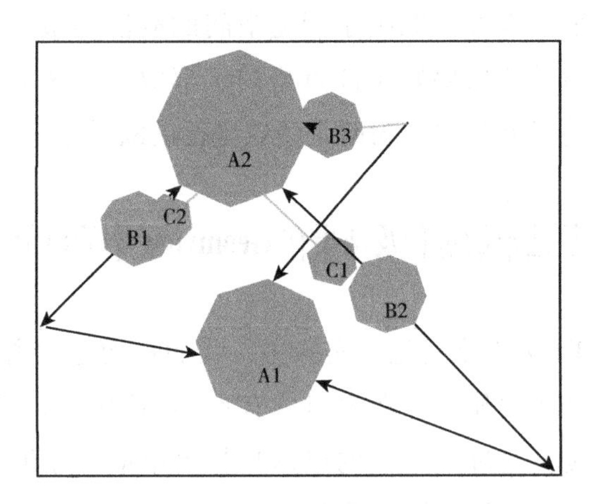

图 4－4　显示 0～1 层梯度路径（用箭头表示）

（2）显示 1～2 层梯度路径。

如图 4－5 所示的梯度路径通过 cancelling－criticalsimplex（K，h，j），消除了临界单元 C2 和 B3 以及 C1 和 B2。算法执行完毕后，仅剩临界单元 A，即为 F 4 的最小值或近似最小值。实验证明了算法的有效性及可行性。

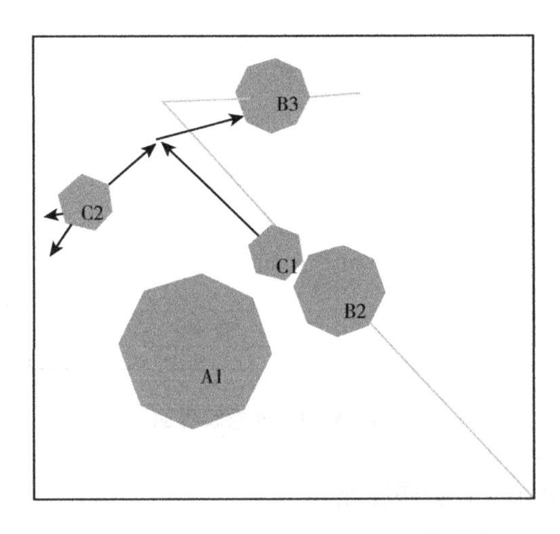

图 4－5　显示 1～2 层梯度路径（用箭头表示）

4.4　基于离散 Morse 优化模型的密度聚类算法

4.4.1　离散曲面的三角剖分——单纯复形

曲面的离散化是通过基于凸包的三角剖分来实现的。hull(X) 表示数据集 $X=\{x_1, x_2, \cdots, x_n\}\subset R^n$ 形成的凸包。对于凸包内的点 $x_i\in X$，对应于曲面上点 $(x_i, h(x_i))$ 存在其邻域同胚于 R^n；对于凸包上的点 $x_i\in X$，对应于曲面上的点 $(x_i, h(x_i))$ 存在其邻域同胚于 R^n 的半球。因此，曲面的三角剖分是一个有边界的 n 维流形。

对于曲面的三角剖分，我们分两步来得到其单纯复形。首先在数据集 $X=\{x_1, x_2, \cdots, x_n\}\subset R^n$ 上进行 delaunay 三角剖分。一个 q+1 维单形是通过 q 维单形与点 $x_i\in X$ 连接形成，且 q+1 维单形的外接球内不存在其他点。然后对每个数据点 x_i 提升 $h(x_i)$，即可得曲面的单纯复形，如图 4-6 所示。表 4-4 表示数据集在概率密度函数中（窗宽 $\sigma=1$）建立曲面单纯复形的时间。

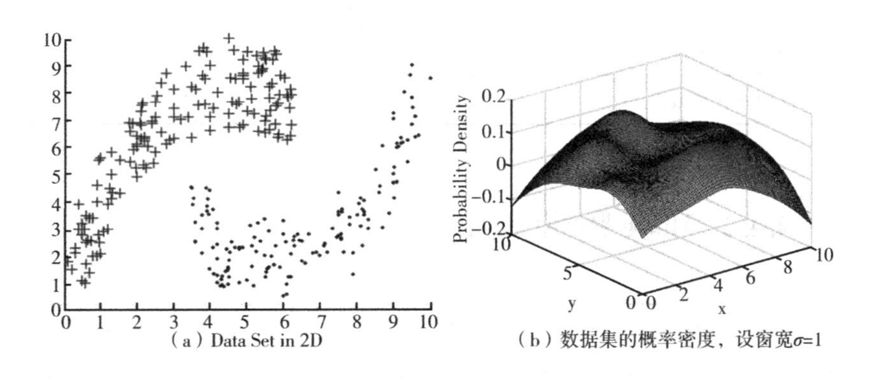

（a）Data Set in 2D　　（b）数据集的概率密度，设窗宽σ=1

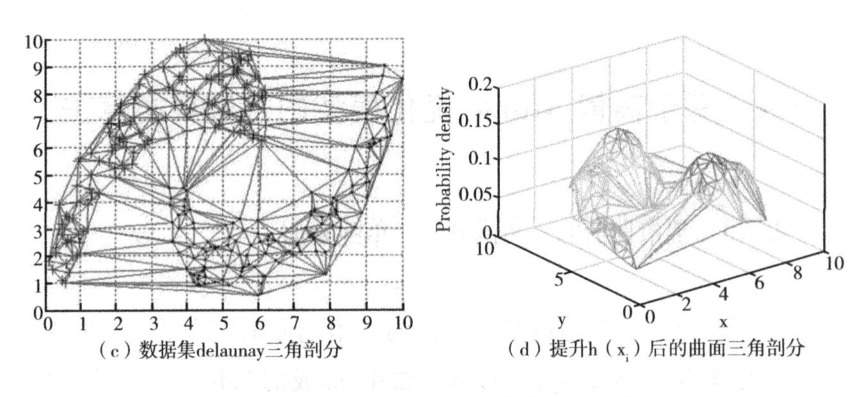

（c）数据集delaunay三角剖分　　（d）提升h（x_i）后的曲面三角剖分

（e）曲面三角剖分(部分)

图4－6　曲面单纯复形的构造过程

表4－4　　数据集建立曲面单纯复形的时间

数据集	CPU（s）
DataSet1（300个2维数据点）	0.002
DataSet2（500个2维数据点）	0.0025
Haberman's Survival（306个3维数据点）	0.018
Iris（150个4维数据点）	0.085

4.4.2 Morse聚类模型设计

在密度聚类算法[137]的总体框架下，我们采用离散Morse理论作为工具进行聚类。这是一种新颖的方法。基于Morse理论的聚类算法是一种基于图论的聚类方法[138]。每棵树代表一个簇，树的根节点代表簇的中心点，叶子节点表示位于低密度区的数据点。聚类产生由多棵树构成的森林。通过离散梯度路径进行聚类的过程就是有向树的形成过程。有向树的形成则是通过查找节点的父节点来完成。根据离散梯度向量场的构造方法可知查找节点 $x \in X$ 的父节点是以 x 为起点沿着下降最快方向路径得到的点 y。根据这种方法，数据点很快就划分到相应的簇中，每个簇就是一棵有向树，每个簇是由离散梯度向量场构成的。

下面给出顶点 x 的邻域的定义及在单纯复形上进行密度聚类的几个概念。

[定义 4－3[139]**]**（x 较小星域 $S(x)$）。由 x 的所有依附面组成包括 x 本身且满足 $g(x) = \max g(\alpha)$。即 $S(x) = \{\alpha \in K \mid x \in \alpha, g(x) = \max g(y)\}$。

[定义 4－4[139]**]**（x 较小链域 $L(x)$）。由 $S(x)$ 所有单形中不包含 x 的面组成且满足 $g(x) > \max g(v)$，即 $L(x) = \{\upsilon \in K \mid \upsilon \subseteq \alpha \in S(x), \upsilon \cap x = \phi\}$。

[定义 4－5] 密度估计函数。由于离散 Morse 理论的优化模型是基于离散梯度向量场的快速下降（沿着负的梯度流方向）的特点构造的，因此，我们采用的概率密度函数为：$h(x) = -\frac{1}{(N)}\sum_{i=1}^{N} K\left(\frac{x - x_i}{\sigma}\right)$，n 个对象的数据集 $X = \{x_1, x_2, \cdots, x_n\}$，其中 $x_i = [x_{i1}, x_{i2}, \cdots, x_{id}]$，$i = 1, 2, \cdots, n$。采用高斯函数作为核函数，$K\left(\frac{x - x_i}{\sigma}\right) = \exp\left(\frac{\|x - x_i\|^2}{2\sigma^2}\right)$。由于临界单元的抵消算法，降低了窗宽 σ 对聚类结果的影响。通过算法 1 得到的函数 $h(x)$ 局部极小值（聚类中心）即密度吸引点。

[定义 4－6] 密度吸引。设 $\sigma \in C_1$，$x^* \in C_0$，找到从 σ 面到 x^* 的所有梯度路径 $x_0 = x, \sigma_{i1}, x_1, \sigma_{i2}, \cdots, x_k = x^* \in C_0$，如果存

在一组点 x_0，x_1，…，x_k，$x_0=x$，$x_k=x^*$ 位于梯度路径上，则称点 x 是被一个密度吸引点 x^* 密度吸引。

通过算法 1 可知 S(x) 中的单元或通过配对放入 V 中或最终存入临界单元 C 中。根据 V 和 C 可得到单纯复形的 Hasse 图。根据离散梯度向量场的构造方法，在生成的 0 ~ 1 图中，每个顶点 v_0 沿着离散梯度流下降方向到达下一个顶点 v_1，称 v_1 是 v_0 的父节点。如此进行下去得到一条有向路径（有向树）。如一个顶点没有父节点，则称其为树的根节点（极值点）。此有向路径就是离散梯度路径。

通过离散梯度路径进行聚类的过程就是有向树的形成过程。有向树的形成则是通过查找节点的父节点来完成。根据离散梯度向量场的构造方法可知查找节点 $x \in X$ 的父节点是以 x 为起点沿着下降最快方向路径得到的点 y。根据这种方法，数据点很快就划分到相应的簇中，每个簇就是一棵有向树，每个簇是由离散梯度向量场构成的。

（1）初始聚类的划分。

通过 Morse 函数的优化模型得到初始的聚类数即局部临界点 C_0 的个数，并把 0 维单元作为聚类的中心点。根据算法 1 得到多条 V－Path：$\alpha_0^{(p)}$，$\beta_0^{(p+1)}$，$\alpha_1^{(p)}$，$\beta_1^{(p+1)}$，…，$\beta_r^{(p+1)}$，$\alpha_{r+1}^{(p)}$，这样的 V－Path 中单元的 Morse 函数值满足定理。取 $p=0$，可得到以临界点 $\alpha \in C_0$ 为终点的多条路径。路径中包含的 α_0，α_1，…，α_{r+1}属于以临界点 $\alpha \in C_0$ 为中心的聚类。对所有的临界点进行迭代形成初始的聚类划分。

（2）聚类的合并。

初始聚类是以密度函数的局部极大值（h(x) 局部极小值）为中心进行的。两个局部极大值点之间的鞍点显然对应着聚类合并的临界点。因此，我们可以根据密度函数的鞍点对初始聚类进行合并。由定理4－1知鞍点位于1－单形上。任何$\tau \in C_1$正好是2条离散梯度路径的起点，若$v \in C_0$为一条梯度路径的终点，那么必有另一条离散梯度路径以$w \in C_0$为终点。若满足在v到w（或w到v）路径上顶点y的密度函数$f(y) \geq \delta$（δ为阈值），则选取$\min\{\max h(\tau) - \max h(v), \max h(\tau) - \max h(w)\}$执行算法2进行合并。算法递归执行，直至所有的聚类被合并为一个大类。

（3）基于离散 Morse 理论的密度聚类算法的总体框架。

通过前面的分析，基于离散 Morse 理论的聚类算法总体分为两步进行：第一步，构造数据集的曲面的三角剖分；第二步，在曲面构成的单纯复形上进行聚类。下面给出基于离散 Morse 理论的密度聚类算法的总体框架及步骤：

Step1：输入数据集$X = \{x_1, x_2, \cdots, x_n\}$；

Step2：对每个点x_i，计算其概率密度$f(x_i)(i = 1, 2, \cdots, n)$；

Step3：通过4.4.1构造曲面的单纯复形K；

Step4：根据算法1得到初始聚类划分；

Step5：利用层次聚类[140]的思想，根据算法2，对满足条件的聚类进行合并得到最终聚类结果。

本节所有计算都是在密度函数生成的离散曲面上完成的，因此最终聚类的结果要还原到数据点的聚类。可通过水平集确定数据点所属类别，算法框架如图4－7所示。

4.4.3 实验结果及分析

下面对提出的算法进行实验验证和分析。算法由 Visual c++ 2005 实现，为便于聚类结果的比较以及结果的可视化，图形分别在 Matlab 7.0 及 Geomview 中显示。Geomview 通过 Cygwin 在 Windows 提供的模拟 Unix 环境运行。算法采用人工数据集 Dataset1、Dataset2 及 UCI 数据库中 Iris 数据集和 Haberman's Survival 数据集

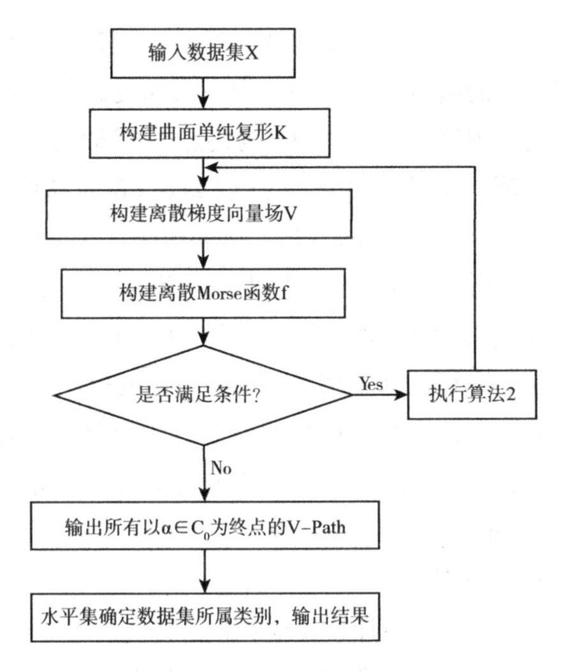

图4-7 聚类算法流程

进行仿真实验。

（1）参数设置。

在基于离散 Morse 理论的密度聚类算法中需要设置参数为：窗宽 σ。由于引进层次聚类中的合并思想，σ 的选取降低了对全局密度函数结果的影响。在所有的实验中设定 σ=0.5~2。

（2）人工数据集实验结果及分析。

第一，Dataset1 包含 300 个数据点，数据分布呈现 2 个不规则形状的聚类。在图 4-8 上采用基于离散 Morse 理论的聚类算法，σ 在［0.1，1］范围内取值，对样本集进行 10 次试验，每次都能得到图 4-8（b）的聚类结果。所用的整个处理时间是 1.3 秒。图中“+”属于一个簇，“·”属于另一个簇。

第二，Dataset 2 是一个包含 600 个数据点的 2 维模拟数据集。数据分布呈现 3 个聚类形状：不同大小、密度的球形和椭球形，

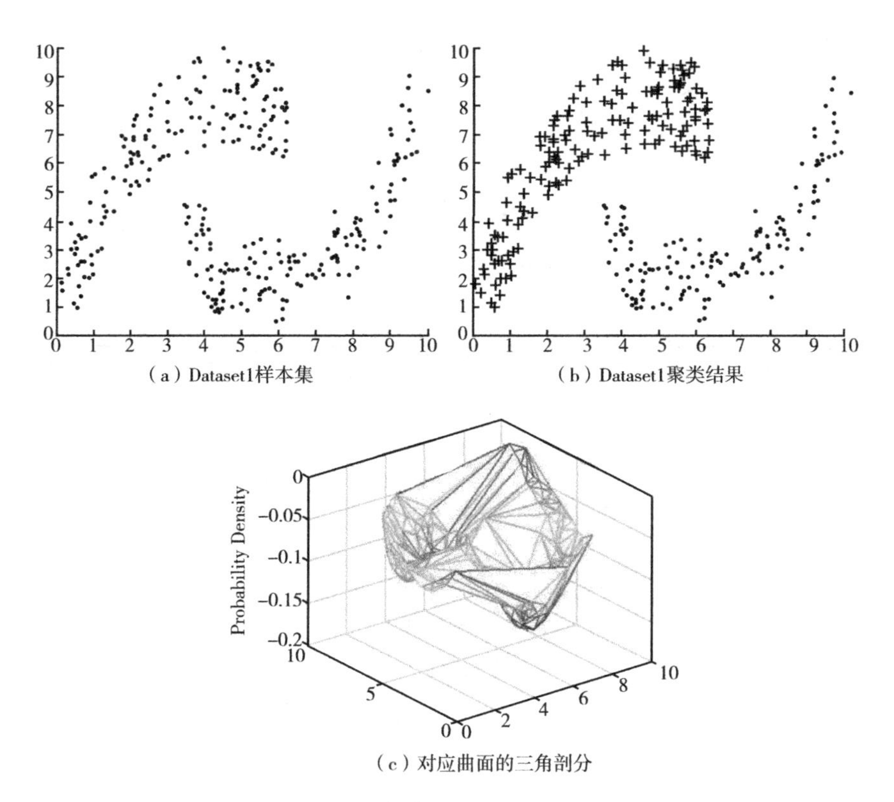

（a）Dataset1样本集　（b）Dataset1聚类结果

（c）对应曲面的三角剖分

图4－8　新聚类算法对Dataset1进行聚类

且簇与簇间数据点部分交叉。σ在［0.1，1］范围内取值，对样本集进行10次试验，每次都能得到图4－9的聚类结果。所用的整个处理时间是1.8秒。图中“＋”属于一个簇，“·”属于一个簇，“×”属于另一个簇。

（3）Haberman's Survival数据集实验结果及分析。

Haberman's Survival是一个3维数据集，包含306个数据点。数据点分为2类。每个样本点由3个属性组成。数据分布呈现不规则形状的聚类，数据点在其属性空间中交叉重叠。图像采用Gemview显示。在窗口中有白色数据点和不同颜色的球。顶点和球之间通过线连接。通过线连接的单形是临界单形。球包着单

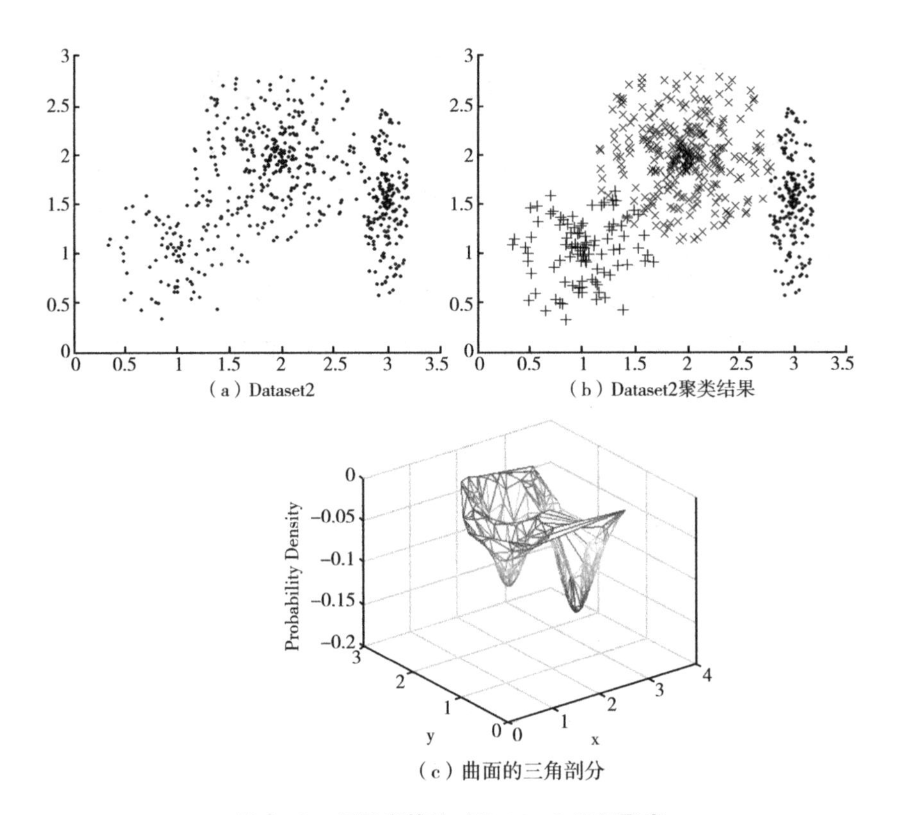

图 4-9 新聚类算法对 Dataset2 进行聚类

形的重心，线连接着它的相关面的重心。紫色的球代表临界顶点。

Haberman's Survival 数据集 Delaunay 三角剖分得到对应曲面的单纯复形，见图 4-10（a）；执行算法 1 后得到的临界单元为（4，11，8，0）：4 个 0-临界单形，11 个 1-维单形，8 个 2-维临界单形，0 个 3-维临界单形。图 4-10（c）显示 0-1 层梯度路径（灰色线表示）；图 4-10（d）显示 1~2 层梯度路径（灰色线表示）；执行算法 2 CancelCriticalCell(K，g，j)，消除 1~2 层后临界单元数分别为（4，3，0，0），梯度路径（灰色线表示）如图 4-10（e）所示；对于 0~1 层临界单元则按照由大到小依次消除。0 - 维临界单元的个数即为聚类的簇数，沿着离散梯度路径达到 $\alpha \in C_0$ 的所有数据点属于以 α 为密度吸引点的簇。

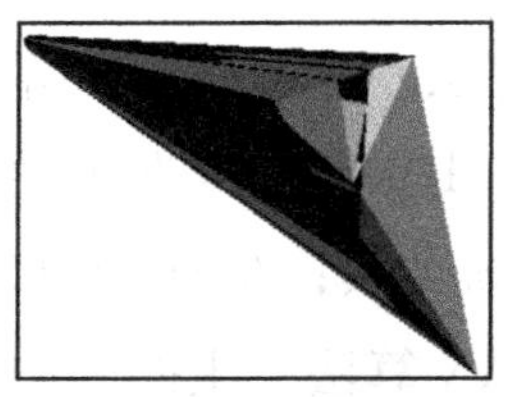

（a）曲面的三角剖分

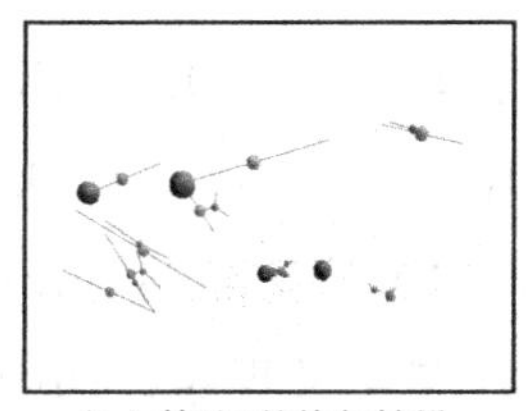

（b）算法1的执行结果

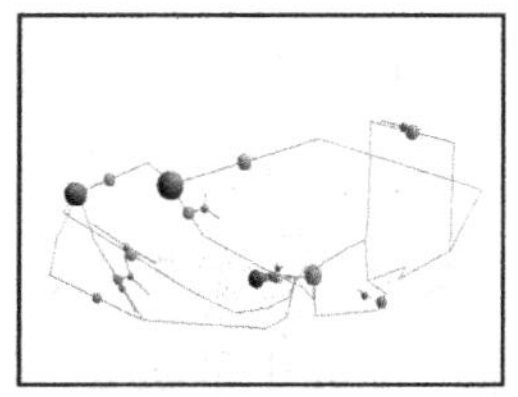

（c）0~1层梯度路径（灰色线）

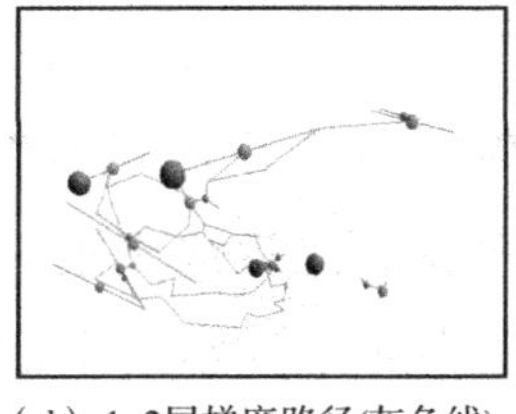

（d） 1~2层梯度路径(灰色线)

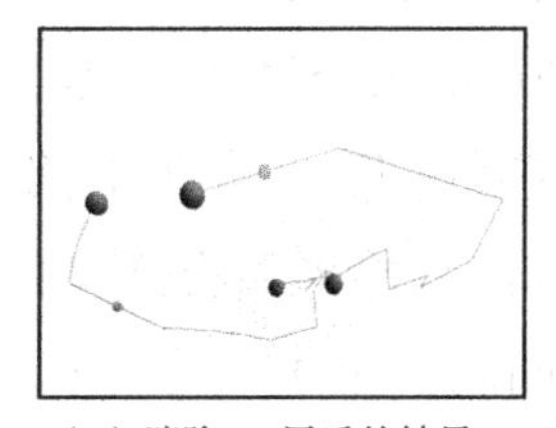

（e）消除1~2层后的结果

图4－10　新聚类算法对 Haberman's Survival 进行聚类

在 Haberman's Survival 数据集中，在［0.5～2］范围内改变 σ 的取值，进行10次实验。由于簇间数据点的交叉重叠，聚类平均正确率达到95%。所用的整个处理时间是4.3秒。

（4）Iris 数据集实验结果及分析。

Iris 是一个4维数据集，包含150个数据点。数据点分为3类（Setosa、Versicolor、Virginica），每类包含50个样本点，每个样本点由4个属性组成。Setosa 类与其他两类呈线性分离，而 Versicolor 类和 Virginica 类中数据部分交叉重叠。

在 Iris 数据集中，σ 在［0.1～1］取值，分别进行10次实验。由于 Iris 数据集的维数为4维且 Versicolor 类和 Virginica 类中数据部分交叉重叠，聚类平均正确率达到93%。所用的整个处理时间是5.1秒。

从前面的实验结果来看，基于离散 Morse 理论的聚类算法能够产生令人满意的聚类结果，即使在数据点交叉重叠的情况下新的算法也能够得到正确的聚类。

（5）算法比较。

把实验用的4个样本集应用于DBSCAN算法。在DBSCAN算法中，设MinPts=[1，10]，Eps=[0.1，1]。DataSet1数据集没有交叉重叠数据点，DBSCAN算法能够划分正确的簇；在DataSet2中三个簇中的数据点都存在交叉现象，DBSCAN算法产生的簇中数据的错聚类较高，甚至会产生了很多错误的子簇，而基于离散Morse理论的聚类算法则成功地产生了3个簇；Haberman's Survival和Iris数据集在属性空间中的也存在交叉重叠的现象，DBSCAN算法未能形成有意义的聚类，而我们的算法则很好地解决了这一问题。表4-5给出了两种算法在4个样本集上的聚类结果比较。

表4-5　两种算法对4个样本集的聚类结果比较

样本集合	算法执行次数	DBSCAN（正确率%）	MDBSCAN（正确率%）
DataSet1	10	类1：100；类2：100	类1：100；类2：100
DataSet2	10	类1：31.3；类2：26.4 类3：60	类1：99.1；类2：96.3 类3：100
Haberman's Survival	10	类1：10.2；类2：17.3	类1：99.1；类2：97.5
Iris	10	类1：13.5；类2：10.7 类3：67.3	类1：97.2；类2：95.3 类3：100

用图4-11对表4-5中的数据进行描述。

从前面的实验结果来看，基于离散Morse理论的聚类算法能够产生令人满意的聚类结果。比经典的聚类算法有所改进，具有更为准确的聚类。新的算法即使在传统聚类算法失效时也能取得正确的聚类结果。

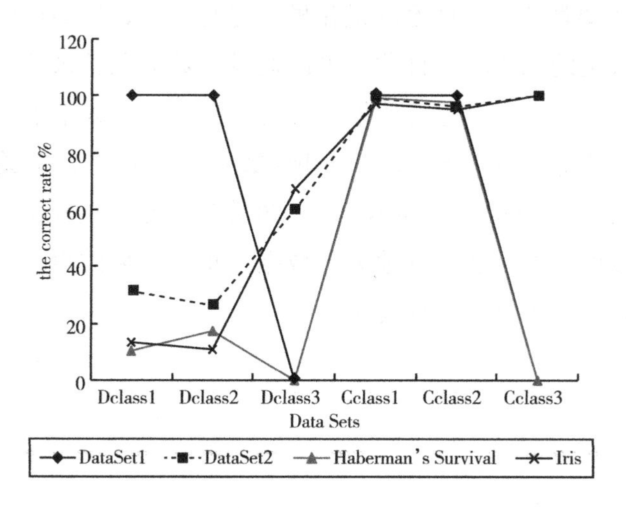

图4-11 两种算法对4个样本集聚类结果比较

4.5 小 结

本章首先介绍了离散Morse理论的基本原理及相关概念；受离散Morse理论中离散梯度向量场这一特点的启发，提出了一种构建离散Morse函数求最优解的算法，证明了构建的函数确实是K上的离散Morse函数，并得到问题的最优解或近似最优解，同时构建了一种基于离散Morse理论的优化模型，实验的结果证明了该模型的有效性。这是一个全新的尝试。但是该模型在对多峰函数构建最优离散Morse函数时，还需要对参数进行人工的调整，才能尽可能地避免过早陷入局部最优。另外，为提高取得最优值的精度，对问题的解空间数据类型需要一定的限制。

从聚类的过程就是目标函数的优化过程这一角度考虑，尝试把优化模型应用于聚类分析，提出一种基于离散Morse优化模型的密度聚类算法。通过核函数产生能量曲面，在剖分后的曲面上应用基于离散 Morse 理论的优化模型进行聚类，聚类后的结果运用层次聚类的思想进行优化，可以通过参数的调整来控制聚类簇的数目，达到令人满意的效果。仿真实验在人工数据集及 UCI 数据库中的 Haberman's Survival 和 Iris 数据集上进行，聚类结果用 Matlab 及 Geomview 工具显示。证明该算法能够发现任意形状、大小和密度的聚类，能较好地划分数据点重叠区域的聚类形状，证明了新算法的可行性及有效性。

第5章 总结和展望

5.1 总　　结

基于计算智能的聚类分析模型对处理目标的特性有良好的适应能力，弥补了传统聚类算法的缺点及不足，取得了良好的效果。本书有针对性地选取了计算智能方法中的人工神经网络、遗传算法、离散 Morse 理论应用于聚类分析，构造聚类分析模型，研究该模型的定义及优化方法的特点和不足，改进或提出相应的解决方法。离散 Morse 理论是一种新的计算智能技术，在研究其理论的基础上，成功把该技术应用到聚类分析中。针对模型在聚类分析中的应用研究并结合离散 Morse 的相关理论和方法，研究离散 Morse 理论在聚类分析中实现的关键技术和方法，并提出基于 Morse 理论的密度聚类分析模型以适应具体应用的要求，同时对提出的聚类分析模型进行推广，使其具有更为普遍的适用性。根据该模型的特点，采用面向对象技术搭建实验平台，以验证所提出的方法或策略的有效性。

现将我们取得的一些研究成果总结如下：

（1）阐述了传统的 SOM 网络聚类分析模型，给出了 SOM 网络聚类模型特点，研究及分析了 SOM 网络用于聚类分析时竞争层神经元个数需要提前给出及网络结构的固定化等问题。针对传统 SOM 网络聚类分析模型，介绍了有代表性的动态网络聚类分析模型——TreeGNG 动态网络聚类分析模型。借鉴 TreeGNG 网络训练算法中树形结构的构造思想，结合神经网络中两步聚类的方法，提出一种新的动态模糊自组织神经网络聚类模型 DSOM - FCM（dynamic self - organizing map - fuzzy C - means）。DSOM - FCM 是基于初始只有一个根节点的树形结构模型。在网络训练过程中不断产生新节点。新的节点可在任意位置根据需要自动生成。当训练算法结束时，根据得到的树形结构确定聚类的数目。通过在一定范围内不断增大扩展因子 SF 的取值，可实现不同层次的聚类；当算法的生长阶段完成后，利用模糊 C－聚类的思想，对生长阶段产生的粗聚类结果进行细化，从而使数据的聚类结果自动显示出来，提高了最终聚类结果的精度和算法的收敛速度。最后，在 DSOM－FCM 动态聚类网络中，通过调整生长因子 SF 取值进行聚类，大大降低了算法的训练时间、训练次数，提高聚类的能力及聚类结果的精度。通过实验验证，DSOM－FCM 准确性及训练时间要优于 TreeGNG 网络，验证了提出的 DSOM－FCM 模型更有效。

（2）介绍了谱聚类技术及相关概念，对谱聚类算法进行研究及分析。根据数据集在聚类空间上映射成沿着径向线方向分布的特点，使用一种新的样本点到聚类中心点的距离公式，提出一种自动确定聚类数目的谱聚类算法。实验在人工数据集上对算法进行了验证，证明了算法的有效性；在提出的谱聚类的整体框架下采用 CLARANS 算法进行聚类并对新的谱聚类算法进行了时间复杂度分析。书中介绍了 CLARANS 算法的原理及特点，采用了兼顾簇内相似性和簇间差异性的聚类结果评价函数；为改进 CLARANS 算法对大规模数据集效率不高及易陷入局部最优的问题，将遗传算法引入采用 CLARANS 算法的谱聚类中，提出一种基于遗传算法的谱聚类方法。该算法提出一种融合了聚类中心点和聚类评价函数的新的适应度函数。实验在 UCI 数据库中的 Iris 数据集上进行验证，证明了改进算法在执行效率、收敛速度及聚类质量上有了明显的提高。

（3）介绍了离散 Morse 理论的基本原理及相关概念；受离散 Morse 理论中离散梯度向量场这一特点的启发，提出了一种构建离散 Morse 函数求最优解的算法，并证明了构建的函数确实是复形 K 上的离散 Morse 函数，并得到问题的最优解或近似最优解，同时构建了一种基于离散 Morse 理论的优化模型，实验的结果证明了该模型的有效性。这是一个全新的尝试。

（4）从聚类的过程就是目标函数的优化过程这一角度考虑，尝试把基于离散 Morse 理论的优化模型应用于聚类分析，提出一种基于离散 Morse 优化模型的密度聚类算法。通过核函数产生能量曲面，在剖分后的曲面上应用基于离散 Morse 理论的优化模型进行聚类，聚类后的结果运用层次聚类的思想进行优化，可以通过参数的调整来控制聚类簇的数目，达到令人满意的效果。仿真实验在人工数据集及 UCI 数据库中的 Haberman's Survival 和 Iris 数据集上进行，证明该算法能够发现任意形状、大小和密度的聚类，能较好划分数据点重叠区域的聚类形状，证明了新算法的可行性及有效性。

基于以上提出的三种智能聚类模型在经济区域中产业集群的划分中的应用，分析研究基于上述几种技术的聚类模型的特点，采用面向对象技术，在 Visual Studio 2008 中以 Java 语言为基础，搭建实验平台。对以上三种聚类分析模型进行聚类结果的对比和分析。

5.2　进一步研究工作

本书选取了人工神经网络、遗传算法、离散 Morse 理论计算智能技术应用于聚类分析，提出三种基于计算智能的聚类模型，初步取得了一些进展和成果。

下一步的研究工作主要集中在以下几点：

（1）DSOM－FCM 是一种动态生长的自组织映射网络结构。网络增长的速度严重依赖于生长阈值。在今后的研究中应进一步增强 DSOM－FCM 网络构造过程的自动化，减少参数对网络结构增长速度的影响，提高网络结构的灵活性、构造速度，能在更短的训练时间内构造出满足更多应用领域、网络拓扑结构多样的网络结构。

（2）在基于GA的谱聚类模型中，尤其面对高维的大数据集时，可考虑利用GA的隐并行性特点，对模型实现真正的并行化计算，提高算法的执行效率，增强算法的聚类精度。

（3）将离散Morse理论用于优化问题是一个新颖的研究领域。其优化模型可用于解决一些实际问题，但还很不成熟。因此，下一步的工作可对模型进行更深入的研究，提出一种通用的优化模型。

（4）在本书中将离散Morse优化模型应用于密度聚类的算法。由于离散Morse优化模型是在单纯复形结构上构建的，因此，下一步可将离散Morse优化模型应用于图聚类。

（5）如何将离散Morse优化模型应用于更高维的流形上，是一项挑战性的工作。

本书涉及三种智能技术人工神经网络、遗传算法、离散Morse理论，并分别提出了基于三种计算智能的聚类模型，但并没将这些智能技术进行有机融合。因此，如何将各种智能技术进行融合，从而充分发挥该类算法应用于聚类分析的功能特点也是以后研究的方向之一。

参考文献

[1] Han J., Kamber M. Data Mining: Concepts and Techniques, Second Edition, China Machine Press, 2007.

[2] Berkhin P. Survey of Clustering Data Mining Techniques. Accrue Software Research Paper. 2002, [Online]. Available: http://www.ee.ucr.edu/~barth/EE242/clustering_survey.pdf.

[3] Jain A., R. Algorithms for Clustering Data. Prentice - Hall, Englewood Cliffs, NJ, 1998.

[4] 姜园，张朝阳，仇佩亮，周东方．用于数据挖掘的聚类算法［J］．电子与信息学报，2005，27（4）：655－662.

[5] Xu R., Wunsch IID. Survey of Clustering Algorithms. IEEE Trsans. on Neural Networks. 2005, 16 (3): 645－678.

[6] 行小帅，焦李成．数据挖掘的聚类方法［J］．电路与系统学报，2003，8（1）：59－67.

[7] Zhong S. Semi - Supervised model - based document clustering: A comparative study. Machine Learning. 2006, 65 (1): 3－29.

[8] 苏木亚．谱聚类方法研究及其在金融时间序列数据挖掘中的应用（博士学位论文）［D］．大连：大连理工大学，2011.

[9] Milnor J. Morse theory [M]. NewJersey: Princeton University Press, 1963.

[10] M. W. Bern, D. Eppstein. Emerging challenges in computational topology. ACM Computing Research Repository, 1999.

[11] T. K. Dey, H. Edelsbrunner, and S. Guha. Computational topology [C]. In B. Chazelle, J. Goodman, and R. Pollack, editors, Advances in Discrete and Computational Geometry, American Mathematical Society, Providence, 1999, 223: 109 - 143.

[12] G. Vegter. Computational topology [M]. In J. E. Goodman and J. O'Rourke, editors, Handlebook of Discrete Computational Geometry, CRC Press, 1997, 517 - 536.

[13] R. Forman. Morse theory for cell complexes [J]. Advances in Mathematics, 1998, 134 (1) : 90 - 145.

[14] H. Edelsbrunner, J. Harer, and A. Zomorodian. Hierarchical Morse - Smale Complexes for Piecewise Linear 2 - Manifolds [J]. Discrete Comput. Geom. 2003. 30 (1): 87 - 107.

[15] Lewiner T, Lopes H, Tavares G. Toward optimality in discrete Morse theory [J]. Experimental Mathematics, 2003, 12 (3): 271 - 286.

[16] J. C. Bezdek, Pattern recognition with fuzzy objective function algorithms [M], Plenum Press, New York. 1981.

[17] Han J W, Kamber M. Datamining concepts and techniques [M]. 2nd ed. Francisco: Morgan Kaufmann Publishers, 2006: 383 - 385.

[18] Karypis, G. , E. - H. Han, V. Kumar, Chameleon: hierarchical clustering using dynamic modeling [J]. Computer 2002. 32 (9): 68 - 75.

[19] Ester, M. , et al. A density - based algorithm for discovering clusters in large spatial databases [C]. in Proceedings of the International Conference on Knowledge Discover and Data Mining. Portland, OR: AAAI. 1996: 226 - 231.

[20] Ankerst, M. , et al. OPTICS: Ordering points to identify

the clustering structure [C]. in Proceedings of the 1999 ACM SIGMOD international conference on Management of data. Philadelphia, PA. ACM. 1999: 49 - 60.

[21] K. Fukunaga, Introduction to Statistical Pattern Recognition [M], second ed. Boston Academic Press, 1990.

[22] Hinneburg, A., D. A. Keim. An efficient approach to clustering in large multimedia databases with noise [C]. in Proceedings of the 1998 International Conference Knowledge Discovery and Data Mining. New York, USA: AAAI, 1998, 58 - 65.

[23] HAN Jiawe, KAMBER M. Data mining concepts and techniques [M]. 范明, 孟小峰, 等译. 北京: 机械工业出版社, 2002.

[24] 张建萍, 刘希玉. 基于聚类分析的 K - means 算法研究及应用 [J]. 计算机应用研究, 2007, 24 (5): 166 - 168.

[25] T Kohonen, Self - organization and associate memory [M], Berlin: Springer - Verlag, 1984, Chapter5.

[26] Kohonen T, Improved versions of learning vector quantization [C], International joint Conference on Networks, San Diego 1990, 1: 545 - 550.

[27] Kohonen T, The self - organizing map [J], Neuro computing, 1998, 21 (1 - 3): 1 - 6.

[28] Kohonen T, Self - Organizing Maps [M], Springer, Berlin: 1995.

[29] 李敏强, 寇纪淞. 遗传算法的基本理论与应用 [M]. 北京: 科学出版社, 2003.

[30] 周志华著. 机器学习 [M]. 北京: 清华大学出版社, 2016.

[31] 李远成, 阴培培等. 基于模糊聚类的推测多线程划分算法 [J]. 计算机学报, 2014, 37 (3): 580 - 592.

[32] 杨悦，郭树旭等．基于核函数及空间邻域信息的 FCM 图像分割新算法 [J]．吉林大学学报（工学版）．2011，41（2）：283 -287.

[33] Ng R, Han J. Efficient and effective clustering methods for spatial data mining [C]. Proceeding of the 20th VLDB Conference Santiago, Chile, 1994.

[34] 陈旭，冯岭等．基于技术功效矩阵的专利聚类分析 [J]．小型微型计算机系统，2014，35（3）：526 -531.

[35] Ng R, Han J. CLARANS: a method f or clustering objects for spatial data mining [J]. IEEE Trans on Knowledge, Data Eng, 2002, 14（5）: 1003 -1016.

[36] Sheikholeslami G, Chatterjee S, Zhang A. WaveCluster: a multi - resolution clustering approach for very large spatial databases [C]. In: Proceedings of VLDB, 1998, 428 -439.

[37] Zhang Ya - ping, Sun Ji - zhou, et al. Parallel implementation of CLARANS using PVM [C]. In : Proceeding of the 3rd International Conference on Machine Learning and Cybernetics, 2004, 26 -29.

[38] Ester M, Kriegel H P, Xu X. A database interface for clustering in large spatial databases [C]. Proceedings of the Knowledge Discovery and Data Mining Conference, 1995.

[39] 宗瑜，江贺等．空间平滑搜索 CLARANS 算法 [J]．小型微型计算机系统，2008，29（4）：667 -671.

[40] 郭晓娟，刘晓霞，李晓玲，层次聚类算法的改进及分析 [J]．计算机应用与软件，2005，25（6）：243 -244.

[41] 龙真真，张策等．一种改进的 Chameleon 算法 [J]．计算机工程，2009，35（20）：189 -191.

[42] Xiao - FengWang, De - ShuangHuang. A Novel Density - Based Clustering Framework by Using Level Set Method [J]. IEEE

Transactions On Knowledge and Data Engineering, 2009, 21 (11): 1515 - 1531.

[43] Ballard, D. H., Gardner, P. C., Srinivas, M. A. Gragh problems and connectionist architectures [R]. Technical Report TR 167, Dept. Computer Science, University of Rochester, 1987.

[44] Jianbo Shi and Jitendra Maik. Normalized cuts and image segmentation [J]. IEEE Tranactions on Pattern Analysis and Machine Intelligence. 2000, 22 (8): 888 - 905.

[45] Ravi Kannan, Santosh Vempala, Adrian Vetta. On clusterings - good, bad and spectral [C], In FOCS, 2000, 367 - 377.

[46] Daniel A. Spielman, Shang - Hua Teng. Spectral partitioning works: Planar graphs and finite element meshes [C]. In IEEE Symposium on Foundations of Computer Science, 1996, 96 - 105.

[47] A. Y. Ng, M. I. Jordan. and Y. Weiss. On spectral clustering: Analysis and an algorithm [C]. In T. G. Dietterich, S. Becher, and Z. Ghahramani, editor, Advances in Neural Information Processing Systems Cambridge, MA, MIT press. 2002, 14: 849 - 856.

[48] Marina Meila and Jianbo Shi. A random walks view of spectral segmentation [J]. Artificial Intelligence and Statistics. 2001.

[49] Andrew Moore. The anchors hierarchy: Using the triangle inequality to survive high - dimension data [C]. In Proceedings of the Twelfth Conference on Uncertainty in Artificial Intelligence, AAAI Press, 2000, 397 - 405.

[50] 孔敏，关联图的谱分析及谱聚类方法研究．（博士论文）[D]．安徽：安徽大学，2006.

[51] E. Diday, G. Govaert, Y. Lechevallier, and J. Sidi. Clustering in pattern recognition, in: J. C. Simon, R. M. Haralick (Eds.), Digital Image Processing, Springer Netherlands, Dordrecht, 1981,

19 – 58.

[52] Q. Zou, G. Lin, X. Jiang, X. Liu, X. Zeng, Sequence clustering in bioinformatics: an empirical study, Brief. Bioinformatics 2020, 21 (1) : 1 – 10.

[53] J. Hou, W. Liu, E. Xu, H. Cui. Towards parameter – independent data clustering and image segmentation, Pattern Recognit. 2016, 60: 25 – 36.

[54] M. R. Bouadjenek, S. Sanner, Y. Du, Relevance – and interface – driven clustering for visual information retrieval, Inf. Syst. 2020, 94: 101 – 592.

[55] Z. Wu, S. Pan, F. Chen, G. Long, C. Zhang, and P. S. Yu. A comprehensive survey on graph neural networks. CoRR, vol. abs/1901. 00596, 2019. [Online]. Available: http: //arxiv. org/abs/1901. 00596.

[56] M. Henaff, J. Bruna, and Y. LeCun. Deep convolutional networks on graph – structured data. CoRR, vol. abs/1506. 05163, 2015. [Online]. Available: http: //arxiv. org/abs/1506. 05163.

[57] D. K. Duvenaud et al. Convolutional networks on graphs for learning molecular fingerprints. in Proc. Int. Conf. Neural Inf. Process. Syst. , 2015: 2224 – 2232.

[58] T. N. Kipf and M. Welling. Semi – supervised classification with graph convolutional networks. in Proc. 5th Int. Conf. Learn. Representations, 2017: 1 – 14. [Online]. Available: https: //openreview. net/forum? id = SJU4ayYgl.

[59] W. Hamilton, Z. Ying, and J. Leskovec. Inductive representation learning on large graphs. in Proc. Int. Conf. Neural Inf. Process. Syst. , 2017: 1024 – 1034.

[60] DIZAJI K G, HE R ANDI A, DENG C, et al. Deep Clustering via Joint Convolutional Autoencoder Embedding and Relative En-

tropy Minimization / / Proc of the IEEE International Conference on Computer Vision. Washington, USA: IEEE, 2017: 5747 -5756.

[61] 杨瑞峰. K - means 聚类算法在分布式置换流水车间调度问题中的应用研究.(硕士论文)[D]. 上海:同济大学, 2022.

[62] 游行键, 张建军. 基于聚类分析和遗传算法的国际游学路线规划研究:以英国为例 [J]. 上海管理科学, 2022, 44 (1): 114 - 119.

[63] McCulloch W, Pitts W. A logical calculus of the ideas imminent in nervous activity. Bulletin of Mathematical Biophysics, 1943, 5: 115 - 133.

[64] Hopfield J, Tank D. Computing with neural circuits: a model. Science, 1986, 233: 625 -633.

[65] McClelland J, Rumelhart D. Exploration in Parallel Distributed Processing. Cambridge, MA: MIT Press, 1988.

[66] Grossberg S. Adaptive pattern classification and universal recoding: I. Parallel development and coding of neural feature detectors [J]. Biological Cybernetics, 1976, 23 (3) : 121 -134.

[67] Alahakoon D, Halgamuge S K, Srinivasan B, A self - growing cluster development approach to data mining, IEEE International Conference on Systems, Man, and Cybernetics, 1998, 3: 2901 -2906.

[68] 王莉, 王正欧. TGSOM: 一种用于数据聚类的动态自组织映射神经网络 [J]. 电子与信息学报. 2003, 25 (3): 313 -319.

[69] A Raube, D Merkl, M Dittenbach, The Growing Hierarchical Self - Organizing Map: Exploratory Analysis of High - Dimensional Data, IEEE Trans. on neural networks, 2002: 13 (6): 1331 - 1340.

[70] Su M., Chang H. A new nodel of self - organizing neural networks and its application in data projection. IEEE Transactions on

Neural Networks. 2001, 12 (1): 153 - 158.

[71] Jin H., Shum W., Leung K., Wong M. Expanding Self - Organizing Map for data visualization and cluster analysis. Information Sciences, 2004, 163: 157 - 173.

[72] 张毓敏, 谢康林. 基于 SOM 算法实现的文本聚类 [J]. 计算机工程, 2004, 30 (1): 75 - 76, 157.

[73] 张钊, 王锁柱, 张雨. 一种基于 SOM 和 PAM 的聚类算法 [J]. 计算机应用, 2007, 27 (6): 1400 - 1402.

[74] Hussin M. F., Kamel M. Document clustering using hierarchical SOMART neural network. Proc. of the Int'l Joint Conf. on Neural Network. 2003: 2238 - 2241.

[75] J. Lampinen, E. Oja. Clustering Properties of Hierarchical Self - organizing Maps. J. Math. Imag. Vis. 1992, 2 (2 - 3): 261 - 272.

[76] M. Y. Kiang. Extending the Kohonen Self - organizing Map Networks for Clustering Analysis. Comput. Stat. Data Anal. 2001, 38: 161 - 180.

[77] J. Vesanto, E. Alhonierni. Clustering of the Self - organizing Map. IEEE Trans. Neural Networks. 2000, 11 (3): 586 - 600.

[78] 尹小娟, 肖勤, 琚报德. 基于 SOM 的三维人脸表情聚类 [J]. 信息系统工程, 2013 (3): 136 - 137.

[79] 李为, 都雪, 林明利等. 基于 PCA 和 SOM 网络的洪泽湖水质时空变化特征分析 [J]. 长江流域资源与环境, 2013, 22 (12): 1593 - 1600.

[80] 王修岩, 李翠芳, 李宗帅. 基于 SOM 和协同学的航空发动机气路故障诊断研究 [J]. 计算机测量与控制, 2014, 22 (2): 319 - 320, 328.

[81] 吴烨, 钟志农, 熊伟等. 一种高效的属性图聚类方法 [J]. 计算机学报, 2013, 36 (8): 1704 - 1713.

[82] 温涛，盛国军，郭权等. 基于改进粒子群算法的 Web 服务组合 [J]. 计算机学报，2013，36 (5)：1031 - 1046.

[83] 廖松有，张继福，刘爱琴. 利用模糊熵约束的模糊 C 均值聚类算法 [J]. 小型微型计算机系统，2014，35 (2)：379 - 383.

[84] 董红斌，黄厚宽，周成等. 基于模糊权和有效性函数的演化聚类算法 [J]. 电子学报，2007，35 (5)：964 - 970.

[85] 高新波. 模糊聚类分析及其应用 [J]. 西安：西安电子科技大学出版社 [M]，2004.

[86] 朱林，雷景生，毕忠勤，杨杰. 一种基于数据流的软子空间聚类算法 [J]. 软件学报，2013，24 (11)：2610 - 2627.

[87] Laszlo M.，Mukherjee S. A genetic algorithm using hyper - quadtrees for low - dimensional k - means clustering. IEEE Trans. On Pattern Analysis and Machine Intelligence. 2006，28 (4)：533 - 543.

[88] Sheng W.，Liu X. A hybrid algorithm for k - medoid clustering of large data sets. Proc. of Congress on Evolutionary Computation (CEC'04). 2004，77 - 82.

[89] Wu B.，Zheng Y.，Liu S. Shi Z. CSIM：a document clustering algorithm based on swarm intelligence. Proc. of IEEE World Congress on Computational Intelligence. 2002，477 - 482.

[90] 王春明，王正欧. 基于粗集与遗传算法相结合的文本模糊聚类方法 [J]. 电子与信息学报，2005，27 (4)：548 - 551.

[91] 陈金山，韦岗. 遗传 + 模糊 C - 均值混合聚类算法 [J]. 电子与信息学报，2002，24 (2)：210 - 215.

[92] 李洁，高新波，焦李成. 一种基于 CSA 的模糊聚类新算法 [J]. 电子与信息学报，2005，27 (2)：302 - 305.

[93] 李洁，高新波，焦李成. 基于特征加权的模糊聚类新算法 [J]. 电子学报，2006，34 (1)：89 - 92.

[94] 徐晓艳. 基于聚类思想的改进混合遗传算法（硕士学位

论文）［D］. 北京：北京工业大学，2013.

［95］曹永春，邵亚斌等．一种基于免疫遗传算法的聚类方法．广西师范大学（自然科学版），2013，31（3）：59－64.

［96］H. Edelsbrunner, J. L. Harer, and A. Zomorodian. Hierarchical Morse Complexes for Piecewise Linear 2－Manifolds. In Proceedings of the 17th Symposium of Computational Geometry, 2001, 70－79.

［97］J. C. Hart. Morse theory for implicit surface modeling. In H.－C. Hege and K. Polthier, editors, Mathematical Visualization, Berlin, Springer. 1998：257－268.

［98］H. Lopes. Algorithms to build and unbuild 2 and 3 dimensional manifolds［D］. PhD thesis, Department of Mathematics, PUC－Rio, 1996.

［99］Y. Shinagawa, T. Kunii, and Y. Kergosien. Surface coding based on Morse theory［J］. IEEE Computer Graphics and Applications, 1991, 11：66－78.

［100］R. Bott, Morse Theory Indomitable, Publ. Math. I. H. E. S. 68（1998）, 99－117.

［101］M. W. Bern, D. Eppstein. Emerging challenges in computational topology［M］. ACM Computing Research Repository, 1999.

［102］R. Forman. Some Applications of combinatorial differential topology［C］. In Proceedings of the SullivanFest, 2000.

［103］R. Forman. A user guide to discrete Morse theory［R］. In Seminaire Lotharingien de Combinatoire, 2002. 48：1－35.

［104］R. Forman. Combinatorial Vector Fields and Dynamical Systems［J］, Math. Zeit., 1998, 228：629－681.

［105］R. Forman. Combinatorial differential topology and geometry, in New Perspectives in algebraic Combinatorial（Berkeley, CA. 1996－97）, Math. Sci. Res.

[106] Henry King, Kevin Knudson. Generating Discrete Morse Function from Point Data [J]. Experimental Math. 2005, 14: 435-444.

[107] R. Ayala, L. M. Fernández and J. A. Vilches, Desigualdades de Morse generalizadas sobre grafos, Actas de las III jornadas de Matemática Discreta y Algorítmica (Universidad de Sevilla, Spain, 2002: 159-164.

[108] J. A. Vilches, Functions de Morse discrete sobre complejos infinitos, book (Edición Digital @ tres, Sevilla, 2003).

[109] R. Ayala, L. M. Fernández and J. A. Vilches, Defining discrete Morse functions on infinite surfaces. 20th European Workshop on Computational Geometry, 2004, 3: 25-27.

[110] Li na. Zhang. The Visualization of Topologies and the Fast Metamorphosis of Polyhedral Model in 3D. Master's thesis, Jan. 2007. Advised by Yaolin Gu.

[111] 袁洁，周明全等．基于 Morse-Smale 拓扑特征的文物碎片拼接算法 [J]. 自动化学报, 2018, 44 (8): 1486-1495.

[112] Xiyu Liu, Alice Xue. Communication P Systems on Simplicial Complexes with Applications in Cluster Analysis [J]. Discrete Dynamics in Nature and Society. doi: 10.1155/2012/415242. Volume 2012, Article ID 415242, 17 pages.

[113] K. A. J. Doherty, R. G. Adams, N. Davey, TreeGNG - Hierarchical Topological Clustering [C], European Symposium on Artificial Neural Networks proceedings. Bruges, 2005: 27-29.

[114] B Fritzke. Growing cell structure: A self organizing network for supervised and un-supervised Learning, Neural Networks, 1994, 7 (10): 1441-1460.

[115] D Choi, S Park, Self-creating and organizing neural networks, IEEE Trans. on Neural Networks, 1994, 5 (4): 561-575.

[116] D Alahakoon, S K Halgamuge. Dynamic self - organizing maps with controlled growth for knowledge discovery, IEEE Trans. on Neural Networks, 2000, 11 (3): 601 - 614.

[117] A Raube, D Merkl, M Dittenbach, The Growing Hierarchical Self - Organizing Map: Exploratory Analysis of High - Dimensional Data, IEEE Trans. on neural networks, 2002, 13 (6): 1331 - 1340.

[118] 杨雅辉，黄海珍等．基于增量式 GHSOM 神经网络模型的入侵检测研究 [J]．计算机学报，2014，37 (5)：1216 - 1224.

[119] Andrew Y. Ng, Michael I. Jordan, and Yair Weiss, "On spectral clustering: Analysis and an algorithm," in Advances in Neural Information Processing Systems, Thomas G. Dietterich, Sue Becker, and Zoubin Ghahramani, Eds. , Cambridge, MA, 2002, vol. 14, MIT Press.

[120] Guido Sanguinetti, Jonathan Laidler and Neil D. Lawrence. Automatic Detemination of The Number of Clusters Using Spectral Algorithms [C]. In Proc. 2005 IEEE Workshop on Machine Learning for Signal Processing, 2005: 55 - 60.

[121] Lawson C L. Generation of a triangular grid with application to contour plotting [A]. California Institute of Technology, Jet Pollution Laboratory, 1972: 299.

[122] Lee D T and Schacher B J. Two algorithms for constructing a delaunay triangulation [J]. International Journal of Computer and Information Sciences, 1980, 9 (3) : 219 - 242.

[123] Wu Z, Leahy R. An optimal graph theoretic approach to data clustering: theory and its application to image segmentation [J]. IEEE Trans on PAMI, 1993, 15 (11): 1101 - 1113.

[124] Shi J, Malik J. NonIlalized cuts and image segmentation. IEEE Transactions on Pattern Analysis and Machine Intelligence, 2000, 22 (8): 888 - 905.

[125] Hagen L, Kahng A B. New spectral methods for ratio cut partitioning and clustering. IEEE Trans. Computer – aided Design, 1992, 11 (9): 1074 – 1085.

[126] Sarkar S, Soundararajan P. Supervised learning of large perceptual organization: Graph spectral partitioning and learning automata. IEEE Transaction on Pattern Analysis and Machine intelligence, 2000, 22 (5): 504 – 525.

[127] Ding C, He X, Zha H. Spectral Min – Max cut for Graph Partitioning and Data Clustering [C]. Proc. of the IEEE Intl Conf. on Data Mining. 2001: 107 – 114.

[128] Meila M, Xu L. Multiway cuts and spectral clustering. U. Washington Tech Report. 2003.

[129] Raymond T. Ng, Jiawei Han. CLARANS: A Method for Clustering Objects for Spatial Data Mining [J]. IEEE Transactions on Knowledge and Data Engineering. 2002, 14 (5): 1003 – 1016.

[130] Savaresi S M, et al. Choosing the cluster to split in bisecting divisive clustering algorithms [R]. CSE Report TR 00 – 055, University of Minnesota, 2000.

[131] 尹文禄, 叶良丰等. 基于高阶四面体矢量元的大规模本征值求解 [J]. 微波学报, 2010, 26 (1): 12 – 18.

[132] R. Forman. A discrete Morse theory for cell complexes. In S. T. Yau, editor, Geometry, Topology and Physics for Raoul Bott. International Press, 1995.

[133] R Forman. Morse theory for cell complexes [J]. Advances in Mathematics, 1998, 134 (1): 90 – 145.

[134] King H, Knudson K. Generating discrete Morse function from point data [J]. Experimental Mathematics, 2005, 14 (4): 435 – 444.

[135] Forman R, Wolf M. Six themes on variation [M]. New York: AMS, 2004: 13 - 31.

[136] Huang H, Qin H, Hao Z F. Example based learning particle swarm optimization for continuous optimization [J]. Information Sciences, 2012, 182 (1): 125 - 138.

[137] Tran T N, Wehrens R, Buydens L M C. KNN - kernel density - based clustering for high - dimensional multivariate data [J]. Computational Statistics & Data Analysis, 2006, 51 (2): 513 - 525.

[138] Fukunaga K. Introduction to statistical pattern recognition [J]. 2nd ed. Boston: Academic Press, 1990: 181 - 397.

[139] Edelsbrunner H, Hare rJ, Natarajan V, et al. Morse - smale complexes for piecewise linear 3 - manifolds [C]. Proc of 19th Annual Symposium on Computational Geometry. San Diego, 2003: 361 - 370.

[140] Xiaochun Wang, Xiali Wang, and D. Mitchell Wilkes. A Divide - and - Conquer Approach for Minimum Spanning Tree - Based Clustering [J]. IEEE Transactions on Knowledge and Data Engineering, 2009, 21 (7): 945 - 958.